Bibliografische Information der Deutschen Nationalbibliothek:

Die Deutsche Bibliothek verzeichnet diese Publikation in der Deutschen Nationalbibliografie; detaillierte bibliografische Daten sind im Internet über http://dnb.d-nb.de/ abrufbar.

Impressum:

Druck und Bindung: Books on Demand GmbH, Norderstedt Germany
ISBN: 9783668364233

Dieses Buch bei GRIN:

http://www.grin.com/de/e-book/346936/usability-von-mobile-applikations-bestandteile-und-anforderungen

Steffen Nolte

Usability von Mobile Applikations. Bestandteile und Anforderungen

GRIN Verlag

„Usability von Mobile Applications: Bestandteile und Anforderungen“

Bachelorarbeit

zur Erlangung des akademischen Grades „Bachelor of Arts“ (B.A.)

Universität Kassel

Fachbereich Wirtschaftswissenschaften

vorgelegt von:

Nolte, Steffen

Kassel, den 28. Oktober 2013

Inhaltsverzeichnis

Tabellenverzeichnis

Abbildungsverzeichnis

1. Einleitung

„2013 werden in Deutschland voraussichtlich 28 Millionen Smartphones verkauft. Das ist ein Plus von 29% im Vergleich zu 2012“ (BITKOM 2013).

Das Ergebnis dieser Studie zeigt, dass der Markt für mobile Geräte wächst und deshalb einen wachsenden Wirtschaftszweig darstellt. Smartphones sind technologisch in der Lage eine Vielzahl von Funktionen, die vorher nur stationär am PC absolviert werden konnten, zu erfüllen. Diese Dienste werden überwiegend von Mobile Applications (sogenannte: „Apps“) ausgeführt. Diese kleinen Anwendungen sind speziell für mobile Endgeräte, wie Smartphones oder Tablets, optimiert und an die besonderen technischen und kontextabhängigen Bedingungen, wie die unterschiedliche Systemleistung, Bildschirmgröße oder Rahmenbedingungen der mobilen Umgebung, angepasst. Dabei ist zunächst eine Abgrenzung zu vollziehen. Mobile Application k nnen in „Mobile-Web-Applications“ und „Native Applications“ unter liedert werden. Bei einer Mobile-Web-Application handelt es sich um eine Anwendung, die direkt über den Webbrowser des mobilen Endgeräts, ohne vorherige Installation verwendet werden kann. Bei der Native-Application muss der Nutzer das Programm aus dem entsprechenden integrierten Onlineshop (App-Store) des Endgerätes downloaden und installieren, bevor eine Nutzung möglich ist (Ein detaillierterer Überblick findet sich u.a. bei Fling (2009, S. 82ff)). In dieser Arbeit wird sich ausschließlich auf Native-Applications bezogen, da dies die im Sprachgebrauch als Mobile Applications bezogenen Anwendungen darstellt.

Mit Mobile Applications ist es möglich, ein Smartphone für jeden Bedarf individuell auszustatten. So können Kalenderfunktionen erweitert, Email-Programme optimiert oder Reisefunktionen übernommen werden. Apps sind zu einem wichtigen Bestandteil bei der Smartphone-Nutzung geworden und werden von vielen Nutzern[1] verwendet, um die individuellen Ziele einfacher zu erreichen. Durch das Wachstum des Marktes für die Endgeräte, welches die BITKOM Studie (2013) feststellte, wächst auch der Markt für Mobile Applications. Im Jahr 2012 wurden 430 Millionen Euro mit Apps umgesetzt, was eine Steigerung um mehr als 100 Prozent gegenüber dem Vorjahreszeitraum bedeutet (vgl. BITKOM 2013). Beschleunigt wird diese Entwicklung aufgrund des technologischen Fortschrittes des mobilen Internets. Durch

[1]Hinweis: Auf geschlechtsneutrale Formulierungen wurde aus Gründen der Lesbarkeit verzichtet. Im Text sind immer beiderlei Geschlechter gemeint.

verbesserte Netzabdeckung, Kostenreduktion und der Möglichkeit einer permanenten und nahezu ortsunabhängigen Nutzung durch den Endverbraucher wurden weitere Chancen ergriffen, die Attraktivität von Mobile Applications und deren Inhalt zu optimieren. Viele Mobile Applications sind permanent online und ermöglichen dadurch eine enge Vernetzung der Nutzer untereinander sowie eine effizientere Möglichkeit die individuellen Zielerreichung zu verbessern.

1.1. Relevanz des Themas

Im Jahr 2012 wurden in Deutschland rund 1,7 Milliarden Apps heruntergeladen, eine Steigerung von 80% gegenüber dem Jahr 2011 (vgl. BITKOM 2013). Die steigende Anzahl sich auf den Markt befindlichen Mobile Applications sorgt dafür, dass ein hoher Standard erfüllt werden muss, um den Anforderungen der Benutzer gerecht zu werden, damit sich gegen Konkurrenzprodukte behauptet werden kann. Für 91% der Smartphone-Besitzer ist dabei die gute Bedienbarkeit einer Mobile Application oberstes Kriterium zum downloaden einer Anwendung (vgl. Mobile Effects 2013, S.28). Dies bestätigt die Wichtigkeit, dem Kunden hohen Bedienungskomfort bieten zu müssen. Nutzer entscheiden anhand der Qualität und Handhabung, welche Mobile Application den individuellen Anforderungen entsprechen und sie nutzen werden. Zur Sicherstellung der Handhabung ist schon während des Entwicklungsprozesses auf eine gute Bedienung zu achten, damit die Nutzung für Zufriedenheit sorgt. Im engen Zusammenhang mit der Zufriedenheit eines interaktiven Programms steht in der Software-Ergonomie, die Eigenschaft, ein Produkt optimal zu gestalten (vgl. Gabler 2011, S. 1), der Begriff: „Usability". Die Usability eines Systems beschreibt die Gebrauchstauglichkeit oder Benutzerfreundlichkeit eines interaktiven Systems. Differenziert wird dabei, wie effektiv, effizient und zufriedenstellend ein Nutzer sein Ziel erreicht (Zur detaillierteren Definition siehe Punkt 3).

> „*Sin*ce the 1980s, usability as a quality aspect of products has become more and more important" (Hassenzahl 2001, S.481).

Die Aussage Hassenzahls deutet an, dass die Usability zu einem immer wichtigeren Faktor der Produktqualität geworden ist und wohl in der Zukunft weiter an Bedeutung gewinnen wird. Im Kontext von Mobilen Applications ist dieser Aspekt ein nicht zu unterschätzender Faktor. Täglich kommen neue Mobile Applications auf den Markt von denen sich Unternehmen durch Eigenschaften, die unabhängig vom Inhalt sind, unterscheiden müssen. Ein solcher Faktor kann die Usability werden. Ist der Endnutzer mit der Handhabung und Bedienbarkeit zufrieden, kann sich ein Unternehmen einen Wettbewerbsvorteil gegenüber der schlechter abschneidenden Konkurrenz sichern. Die Usability kann als Erfolgsfaktor angesehen werden und darf sich daher einer entsprechenden Beachtung schon während dem Entwicklungsprozess nicht verschließen. Ein Unternehmen kann sich nicht dem mobilen Markt entziehen, da Mobile Applications für Unternehmen eine wichtige Rolle einnehmen können. Zunächst besteht die Möglichkeit eine Mobile Application im m-commerce als zusätzlicher Vertriebskanal zu etabliert um Produkte und Dienstleistungen zu vertreiben. Unter m-commerce wird die elektronisch gestützte Abwicklung von Geschäftstransaktionen auf Basis der Nutzung mobiler, mit dem Internet verbundener Endgeräte verstanden (vgl. Hess 2011, S. 1). Ebenso besteht die Möglichkeit, eine Mobile Application als ergänzendes Mittel zur Kundenbindung einzusetzen. Ein interaktives Produkt, welches den Anforderungen des Users genügt, wird eine höhere Kundenbindung erzielen. Usability-orientierte Produkte führen zu einem höheren Vertrauen zum Anbieter (vgl. Kalbach 2003, S. 10).

Die Wichtigkeit diesen Aspekt detaillierter zu erforschen, liegt in den zunehmenden Einfluss von Mobile Applications. Mobile Applications sind zu einem Alltagsgegenstand geworden. Dies erhöht die Ansprüche, die Nutzer an die jeweiligen Anwendungen stellen und verdeutlicht auch die Bedeutung für das Marketing. Zur Kundenbindung im mobilen Bereich ist es wichtig auf die Bedürfnisse und Wünsche der Nutzer exakt einzugehen und diese zu erfüllen. Im Kontext sich weiter entwickelnder Technologien wird der Markt zukünftig neue Bereiche erschließen und noch stärker an Bedeutung gewinnen. Dabei müssen Anforderungen gerecht werden, die erst mit der hohen Qualität an Wertigkeit gewonnen haben. Die Usability gilt unumstritten als wichtiges Verkaufsargument für technische Produkte. Der Siegeszug der Smartphones mit Multi-Touch-Ein abe wird insbesondere durch die hohe „Nutzerfreundlichkeit“ erkl rt (vgl. Sarodnick/ Brau 2011, S.18).

1.2. Forschungsstand

Der Begriff der Usability hat mit der technischen Entwicklung einen besonderen Stellenwert erlangt, der auch in der Wissenschaft entsprechend gewürdigt wurde. Erfolgte in den Anfängen des World Wide Web eine Fokussierung auf gute Usability bei Web-Seiten, ist wegen der technischen Entwicklung eine Betrachtung bei mobiler Nutzung unabdingbar. Zhang/ Adipat (2005) beschreiben die wichtigsten Unterschiede zwischen konventioneller und mobiler Nutzung.

Der Fokus der Forschung wurde dabei zunächst auf Testverfahren, die zum Ziel haben Usability-Schwächen zu identifizieren, gerichtet. Lee/ Grice (2004) bspw. konzentrierten sich auf Mobile

Device allgemein und unterschieden Mikro- und Makrofaktoren, die bei der Usability von Bedeutung sind. Heo et al. (2009) konkretisierten die Forschung auf Mobiltelefone und entwickelten ein System zum Testen der Usability. Das Gebiet der Usability-Forschung im Bereich von Mobile Applications stellt noch ein relativ junges Forschungsgebiet dar. Allerdings veröffentlichten Coursaris et al. (2006) und Keck (2011) erste Ergebnisse zu Faktoren, die die Usability von Mobile Applications beeinflussen und entwickelten Handlungsempfehlungen. Erste konkrete Charakteristika zu den Bestandteilen der Usability von Mobile Applications entwickelten Rabiu et al (2012) und Harrison et al. (2013). Die wichtigsten Ergebnisse aktueller Forschung sind in folgender Tabelle zusammengefasst:

Tabelle 1: Forschungsstand: Usability

A framework for evaluating the usability of mobile phones based on multi-level, hierarchical model of usability factors	Heo et al.	2009	Entwicklung eines Systems zum Testen der Usability von Mobiltelefonen. Folgende acht Eigenschaften sollten beachtet werden: ▪ Faktenbasiertes Vorgehen ▪ Modulisierung ▪ Hierarchisches Vorgehen ▪ Optimierung ▪ Nutzerorientiert ▪ Implementierbar ▪ Inhaltsbasiert ▪ Designorientiert
A Qualitative Review of Empirical Mobile Usability Studies	Coursaris et al.	2006	Auswertung verschiedener Mobile Usability Studien. Ergebnis sind folgenden Faktoren , die die Usability beeinflussen: ▪ Effektivität ▪ Effizienz ▪ Zufriedenheit ▪ Lernbarkeit ▪ Akzeptierbarkeit ▪ Bedienbarkeit ▪ Denkwürdigkeit ▪ Erreichbarkeit ▪ Flexibilität
Apps vs. Devices: Can the Usability of Mobile Apps be Decoupled from the Device?	Hussain/ Kutar	2012	Herausarbeiten subjektiver Einflussfaktoren zum Verständnis des Einflusses der Mobile Devices auf die Applikation: ▪ Allgemeine Reaktionen ▪ Bildschirm ▪ Information ▪ Lernbarkeit ▪ Möglichkeiten der Applikation ▪ Allgemeine Eindrücke ▪ Mobile Devices direkt
App-Usability – Herausforderungen und Guidelines	Keck	2010	Entwicklung folgender Guidelines zur Verbesserung der Applikation-Usability: ▪ Auf bereits Bekanntes und Erlerntes setzen ▪ Den geringen Platz für das Wesentliche nutzen ▪ Keine Buttons einbauen ▪ Call-to-Action Elemente einbauen ▪ Auf hohes Kontrastniveau achten ▪ Dem Nutzer klares Feedback geben

			▪ Den Nutzer Unterstützen ▪ Gerätespezifische Funktionalität sinnvoll nutzen ▪ Die Applikation frühzeitig mit dem Nutzer testen ▪ Nutzer in dem natürlichen Umfeld beobachten
Challanges, Methodologies, and Issues in the Usability Testing of Mobile Applications	Zhang/ Adipat	2005	Wichtigste Unterschiede des stationären und mobilen Usability Tests: ▪ Mobiler Kontext ▪ Konnektivität ▪ Kleinerer Bildschirm ▪ Unterschiedliche Display Farben ▪ Begrenzte Geschwindigkeit und Akkulaufzeit
Design and Implementation of a Toolkit for Usability Testing of Mobile Apps	Ma et al.	2013	▪ Usability-Test Methode für Android Applikationen ▪ Eingearbeitet in die Applikation ▪ Ermöglicht detaillierteres Testen der Usability ▪ Genauere Usability-Probleme feststellbar
Developing a New Usability Testing Method for Mobile Devices	Lee/ Grice	2004	Unterscheidung nach: ▪ Mikro Faktoren (Systemdesign, Interaktionen) ▪ Makro Faktoren (Soziales und menschliches Verhalten) Die Usability-Test-Methode kombiniert drei Methoden: ▪ Fragebögen ▪ Szenario basierte Tests ▪ Heuristische Bewertung
Exploring the benefits of combination of a software architecture analysis and a usability evaluation of mobile application	Biel et al.	2010	Entwicklung einer Methode zur Analyse der Software-Architektur um Usability zu designen (SATURN) ▪ Basis ist der mobile Kontext der Nutzung ▪ Differenzierung entsprechender Kontextfaktoren
Mobile Usability – Empfehlung und Entwicklung benutzerfreundlicher mobiler Datendienste	Duda et al.	2002	Generelle Mobile-Usability Empfehlungen: ▪ Co-Development mit den Usern ▪ Schnelle Problemlösung in mobilen Situationen ermöglichen ▪ Reduzierung auf das Wichtigste ▪ Einfache Gestaltung ▪ Personalisierung ▪ Lokalisierung ▪ Bezeichnung der Kategorien auf den Nutzer abstimmen ▪ Transparente Navigation ▪ Scrollen statt klicken ▪ Texteingabe minimieren ▪ Konsistenz der Begriffe ▪ Auf das schwächste System optimieren ▪ Nicht über Technologien reden
The Value of Mobile Applications: A Utility Company Study	Nah et al.	2005	Beschreiben welche Faktoren Mitarbeiter, die Mobile Applikationen im Firmenkontext verwenden, wichtig sind: ▪ Hohe Kundenzufriedenheit ▪ Hohe Effektivität ▪ Hohe Effizienz ▪ Geringe Kosten ▪ Hohe Mitarbeiter Akzeptanz ▪ Hohe Sicherheit
Usability, Design and Content Issues of Mobile Apps for	Boiano et al.	2012	Folgende Eigenschaften sollten bei der Applikation Entwicklung im Kultursektor vorhanden sein: ▪ Text

Cultural Guide Experience			▪ Bilder ▪ Audio ▪ Videos ▪ Maps ▪ Social Media Verknüpfungen ▪ Updates
Usability characteristics of mobile applications	Rabiu et al.	2012	Herausarbeiten folgender Usability-Charakteristika von Mobile Applikationen: ▪ Verständlichkeit ▪ Lernbarkeit ▪ Bedienbarkeit ▪ Attraktivität
Usability Dimensions for Mobile Applications – A Review	Baharuddin et al.	2013	Entwicklungen von Usability-Guidelines für Mobile Applications. Unterscheidung in: ▪ Vier Kontext Faktoren (Benutzer, Umwelt, Technologie, Aufgabe/Aktivität) ▪ Zehn Usability-Dimensionen (Effektivität, Effizienz, Zufriedenheit, Brauchbarkeit, Ästhetik, Lernbarkeit, Bedienbarkeit, Ahnung, Verständlichkeit, Attraktivität)
Usability Metric Framework for Mobile Phone Application	Hussain/ Kutar	2009	▪ Zusammenfassung von Usability-Messung Praktiken ▪ Entwicklung einer kompatiblen Guideline für Mobile Applications ▪ Entwicklung eines Sets von Fragen zur Evaluation der Usability
Usability of mobile applications: literature review and rationale for a new usability model	Harrison et al.	2013	Entwicklungen der PACMAD Methode, die Definitionen von Nielsen (1994) und der DIN EN ISO Norm 9241-11 erweitert. Folgende Faktoren müssen berücksichtigt werden: ▪ Effektivität ▪ Effizienz ▪ Zufriedenheit ▪ Lernbarkeit ▪ Einprägsamkeit ▪ Fehler ▪ Wahrnehmungskraft

Quelle: Eigene Darstellung.

1.3. Ziel und Gang der Untersuchung

Die Usability nimmt eine besondere Rolle im Rahmen von Mobile Applications ein. Dies zu erläutern, ist das Ziel der Arbeit. Ausgehend von der allgemeinen Usability-Definition wird dazu deduktiv auf den mobilen Kontext eingegangen. Der mobile Kontext ist von besonderer Bedeutung, weil die Nutzer andere Rahmenbedingen ausgesetzt sind als bei einer stationären Nutzung an einem PC in der Wohnung oder dem Büro. Anders als bei der stationären Nutzung muss bei der Konzeption und Entwicklung beachtet werden, dass sich Benutzer einer Mobile Application meistens in völlig unterschiedlichen Umgebungen aufhalten.

Diese Erkenntnis sorgt ebenfalls dafür, dass die Usability von Mobile Applications anderen Herausforderungen ausgesetzt ist, wie die Usability von Web-Sites. Die Probleme, bspw. der schlechten Netzabdeckung, werden im stationären Zusammenhang von keiner großen Bedeutung sein.

Folgende Forschungsfragen sollen im Rahmen der Arbeit erläutert werden:

1.) Was sind die Bestandteile der Usability von Mobile Applications?
2.) Was sind spezifische Gestaltungsanforderungen an die Usability von Mobile Applications im Kontext der mobilen Nutzung?
3.) Welche Implementierungsanforderungen können für die Unternehmenspraxis abgeleitet werden?

Dabei wird anhand von Literaturrecherche herausgefunden, wie eine Mobile Application den Kunden zufriedenstellt und was verbessert werden muss, um die Usability zu steigern. Anschließend wird eine Umsetzungsempfehlung für die Unternehmenspraxis gegeben.

Dazu ist folgende Herangehensweise angedacht:

Ausgangslage sind die konzeptionellen Grundlagen. Unterschiedliche Konstrukte der Usability werden dabei genauer erläutert. Dazu wird zunächst ein Überblick bestehender Konzepte gegeben (Kapitel 2.1). Darauf aufbauend werden Gemeinsamkeiten und Unterschiede erläutert um abzuleiten, welche Faktoren die Usability beeinflussen und als Bestandteile angesehen werden. Diese bedarf es einer intensiveren Beachtung im weiteren Verlauf der Arbeit. Die Erkenntnisse werden im 3. Kapitel angewandt und auf Mobile Applications übertragen. Dazu ist es zunächst nötig zu erläutern, wie die technischen Anforderungen der mobilen Endgeräte, auf denen Mobile Applications genutzt werden, die Usability beeinflussen (Kapitel 3.1) und welche besondere Beachtung der mobile Kontext der Nutzung erfahren sollte (Kapitel 3.2). Danach wird auf die speziellen Herausforderungen der Mobile Applications, untergliedert nach den herausgearbeiteten Bestandteilen aus Kapitel 2.2, eingegangen und direkt Empfehlungen zur Verbesserung gegeben (Kapitel 3.3).

Ziel des 4. Kapitel ist es Vorschläge zu geben, wie gute Usability einer Mobile Application im Unternehmenskontext gesichert und überprüft werden kann. Dazu wird auf dem gesamten Planungs-, Entwicklungs- und Kontrollprozess der Entwicklung eingegangen und jeweils spezielle Maßnahmen und Unterschiede der Phasen erläutert. Abschließend werden im Fazit neben einer kurzen, wertenden Zusammenfassung der Ergebnisse die Forschungsfragen beantwortet.

2. Konzeptionelle Grundlagen

Ziel dieser Arbeit ist es zu vermitteln, wie das interaktive Produkt einer Mobile Application benutzerfreundlicher bzw. gebrauchstauglicher gestaltet werden kann. Um dies zu verdeutlichen sind zunächst bekannte, allgemeine Usability-Konzepte vorzustellen und zu beschreiben. In Kapitel 2.2 wird eine Ableitung der elementaren Bestandteile auf Grundlage gemeinsamer und unterschiedlicher Aspekte in den Konzepten vollzogen.

2.1. Überblick verschiedener Usability-Konzepte

Der Be riff: „Usability“ ko t aus de Bereich der Infor atik und de Computerumfeld und tauchte erstmalig in den siebziger Jahren auf. Ziel einer Usability-gerechten Gestaltung ist es, Dialogsysteme effizienter zu gestalten (vgl. Hartmann 2008, S.2). In der deutschen Sprache wird der Begriff mit: „Gebrauchstauglichkeit“ übersetzt (vgl. Sarodnick/ Brau 2011, S.19), allerdings unterschiedlich definiert. Die Gebrauchstauglichkeit löste dabei den Begriff der „Benutzerfreundlichkeit“ ab, die nur die ko fortable Benutzun , nicht aber die eei nete Unterstützung des Nutzers bei der Erreichung seiner Ziele in dem jeweiligen Einsatzfeld fokussierte (vgl. Nielsen 1993, S.23). Das folgende Unterkapitel wird einen Überblick verschiedener Usability-Konzepte geben.

Nielsen (1993, S.25ff) sieht das Konstrukt der Usability als Bestandteil der Brauchbarkeit (Usefulness) im Rahmen der Systemakzeptanz (System acceptability) an. Die Systemakzeptanz teilt sich in soziale (Social acceptability) und praktische Akzeptanz (Practical acceptability). Dabei wird die soziale Akzeptanz nicht näher untergliedert, die praktische hingegen unterteilt sich in die Bestandteile: Brauchbarkeit, Kosten, Kompatibilität, Reliabilität und eine Zusammenfassung weiterer Faktoren einer praktischen Systemakzeptanz (Etc.). Die Brauchbarkeit wird in die Bestandteile: Utility (Nützlichkeit) und Usability unterteilt. Dabei ist Utility die Frage danach, ob ein System das leisten kann, was es soll und Usability die Frage danach, wie gut dies geleistet wird (vgl. Nielsen 1993, S.25). Das eigentliche Konstrukt der Usability, Abbildung 1 verdeutlicht die Erläuterungen, sieht Nielsen bestehend aus folgenden fünf Kernkomponenten (vgl. ebenda, S.26ff):

Abbildung 1: Modell der Akzeptanz eines Systems

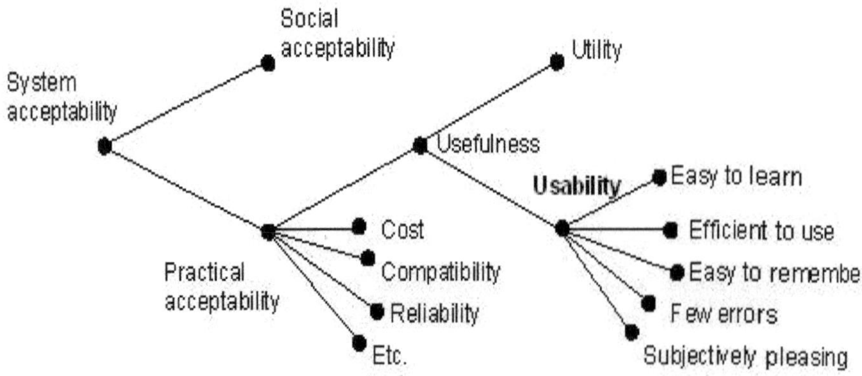

Quelle: Nielsen 1993, S.25.

- Easy to learn (Learnability): Einfachheit der Bedienung eines interaktiven Systems.
- Efficient to use (Efficiency): Schnelligkeit das angestrebte Ziel zu erreichen.
- Easy to remember (Memorability): Die Fähigkeit, dass das System in Erinnerung bleibt und bei erneuter Verwendung nach einer längeren Nutzungspause sich schnell wieder erinnert wird, wie das System zu bedienen ist.
- Few Errors (Errors): Systemfehler sind zu vermeiden. Falls dies doch geschieht, sollten diese nicht schwerwiegend und leicht zu beheben sein um Nutzer nicht zu verärgern.
- Subjectively pleasing (Satisfaction): Allgemeine Zufriedenheit mit der Systembenutzung.

Seit 1997 gibt es eine internationale Normenreihe, die Usability als das Ausmaß, in dem ein technisches System durch bestimmte Benutzer in einem bestimmten Nutzungskontext verwendet werden kann, beschreibt. Dabei wird sich auf drei Komponenten beschränkt. Der genaue Wortlaut der Usability-Definition in der DIN EN ISO Norm 9241-11[2] 1999, S.94 lautet:

> *„Usability ist das Ausmaß, in dem ein Produkt von einem bestimmten Benutzer verwendet* werden kann, um bestimmte Ziele in einem bestimmten Kontext effektiv, effizient und zufriedenstellend zu erreichen."

[2] Die DIN EN ISO Norm 9241-11 wurde zwar im Jahr 2006 um den Teil 110 ergänzt, die Definition der Usability wurde allerdings nicht verändert.

Dabei bezeichnet die Effektivität die Genauigkeit und Vollständigkeit mit der ein bestimmtes Ziel erreicht werden kann. Die Effizienz ist definiert als die Genauigkeit der angestrebten Zielerreichung bezogen auf den nötigen Aufwand und die Zufriedenheit wird als allgemeine positive Einstellung gegenüber der Systemnutzung angesehen (vgl. Sarodnick/ Brau 2011, S.37). Es geht dabei nicht ausschließlich um eine komfortable Benutzung, sondern auch um die Forderung nach einer geeigneten Unterstützung des Nutzers bei der Erreichung seiner Ziele in dem jeweiligen Einsatzfeld (vgl. ebenda, S.19). Diese beiden Definitionen legen den Fokus auf den Nutzer eines Produktes und nicht auf das Produkt selbst. Eine Produkt-Usability kann durch die Nutzerwahrnehmung determiniert werden (vgl. Barnum 2002, S.6).

Hassenzahl et al. (2000) ergänzen die aufgabenbezogene Sichtweise und entwickeln ein Zwei-Komponentenmodell der Usability, welches aus der pragmatischen und der hedonischen Qualität besteht. Die pragmatische Qualität ist die wahrgenommene, aufgabenbezogene Qualität und setzt sich zusammen aus der Usability und dem Nutzen (Utility). Die hedonische Qualität bezieht sich auf nicht aufgabenbezogene Aspekte, wie beispielsweise die optische Gestaltung und das Design, was indirekt zu Spaß und Emotionen führen kann. Dabei beeinflussen beide Qualitäten das Gesamturteil der Attraktivität (vgl. Burmeister et al. 2002, S.32). Das Modell trennt, wie in Abbildung 2 veranschaulicht, folgende wesentliche Aspekte (vgl. ebenda, S.34f):

- Objektive Produktqualität (intendierte Qualität): Der Entwickler intendiert mit der Gestaltung bestimmte Ziele, was bedeutet, dass bewusst oder unbewusst eine pragmatische Qualität (z.B.: die übersichtliche Gestaltung) und eine hedonische Qualität (z.B. die Innovativität des interaktiven Produkts) kombiniert werden.
- Subjektive Qualitätswahrnehmung (Kognitive Bewertung): Der Benutzer entscheidet anhand seiner subjektiven Wahrnehmung, wie das Produkt bewertet wird. Dabei muss zwischen der Wahrnehmung und der Bewertung unterschieden werden. Die hedonische und pragmatische Qualität werden erst im Rahmen der Bewertung zur Attraktivit t zusa en efasst. Dabei wird die Einsch tzun als „ ut" oder „schlecht" beurteilt.
- Konsequenzen der Bewertung: Als Konsequenz sind zwei Optionen differenzierbar. Die „Verhaltenskonsequenzen", die Sorge trägt, das die Software aufgrund der Erfahrung entweder öfter oder weniger genutzt wird und die „e otionale onsequenz", welche entweder negativ (z.B.: Frust, Ärger) oder positiv (z.B.: Zufriedenheit, Freude) die Bewertung beeinflussen.

Abbildung 2: Modell der hedonischen und pragmatischen Qualitäten

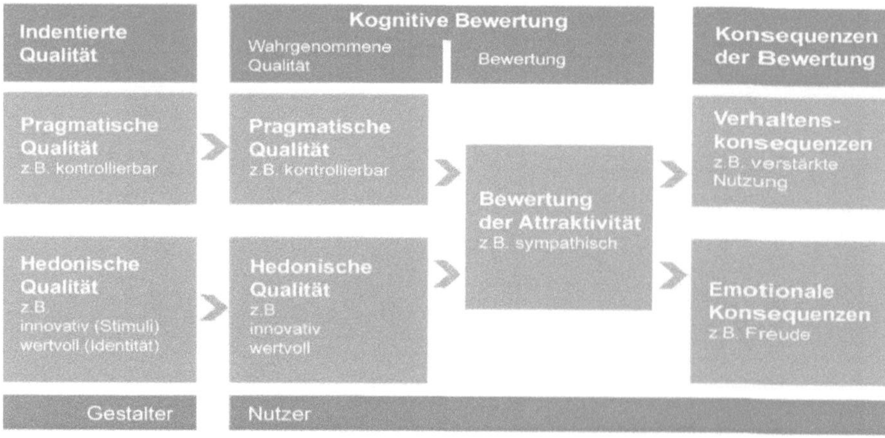

Quelle: Hassenzahl 2001, S. 484, Grafik erstellt von Klaus Nolte.

Daraus kann abgeleitet werden, dass es nicht ausreichend ist eine Usability-konforme Gestaltung zu erreichen, wenn sich ausschließlich auf aufgabenbezogene Attribute bezogen wird. Ein aussagekräftiges Design und Spaß bei der Benutzung sind ebenso wichtig, wie eine fehlerfreie Funktion des Systems. Im nächsten Abschnitt wird die Ableitung elementarer Bestandteile auf Grundlage von Gemeinsamkeiten der Konzepte vollzogen.

2.2. Ableitung elementarer Bestandteile der Usability

Zusammenfassend kann als Gemeinsamkeit der vorgestellten Konzepte festgestellt werden, dass Effektivität, Effizienz und Zufriedenheit die wichtigsten Attribute einer Usability-konformen Gestaltung sind. Ziel dieses Kapitels ist es herauszustellen, was diese Attribute allgemein beeinflusst um Bestandteile ableiten zu können, die auch für den Kontext einer Mobile Application von Bedeutung sind.

Bevor direkt auf die Gestaltungen und Funktionen eines entsprechenden Produktes eingegangen wird, ist es wichtig, dass eine Nützlichkeit (Utility) gegeben ist. Als Utility wird dabei ein System charakterisiert, welches sämtliche Funktionalitäten und Inhalte bereitstellt, die zur Erreichung der vom jeweiligen Angebot intendierten Ziele erforderlich sind (vgl. Yom 2001, S.175f). Nielsen (1993) sieht die Nützlichkeit (Utility) und die „Usability" als leich ewichti e Bestandteile der Brauchbarkeit (Usefullness) an. Bevan (1995) stellte hingegen fest, dass ein interaktives Produkt immer im Bezug zu dem individuellen Nutzungskontext gesehen werden muss. Dies ist zwar auf die Usability von Web-Seiten bezogen, lässt sich aber auch auf den mobilen Kontext übertragen (Eine Gewichtung der Bestandteile in Abhängigkeit der unterschiedlichen Kategorie einer Mobile Application findet sich in Kapitel Kapitel 4.1.2.). Die „Usability“ und „Utility“ sollen in dieser Arbeit nicht als Bestandteile der „Usefullness“, sondern als ergänzende Komponenten angesehen werden, die es gleichermaßen zu beachten gilt. Dabei ist der mobile Kontext zu beachten. Wenn die Nützlichkeit gegeben ist, sollte auf die direkten Produkteigenschaften eingegangen werden. Unbestritten ist dabei, dass ein interaktives Produkt bzw. ein System die subjektiven Nutzererwartungen durch objektive Funktionalitäten erreichen muss. Ein nicht effektives und effizientes Unterstützen bei der Zielerreichung führt zu keiner Nutzung. So muss auch im Rahmen einer Usability-Konformen Gestaltung zunächst die reibungslose Aufgabenerledigung garantiert werden. Allerdings ist die fehlerfreie Systemfunktion dabei nicht allein ausreichend. Carroll und Thomas wiesen bereits 1988 darauf hin, dass der Usability-Fokus allein auf eine aufgabenbezogene Ausrichtung nicht ausreicht. Um zufrieden mit einem System zu sein, müssen in gleichem Umfang subjektive Einflussfaktoren und objektive Funktionalitäten mit einbezogen werden. Neben den Systemfunktionen ist der entscheidende Aspekt die Zufriedenheit. Nur wenn ein Nutzer zufrieden ist, wird ein System genutzt oder erworben. Nielsen (1993) sieht dies bei interaktiven Systemen außerhalb der Arbeitsumgebung als besonders wichtig an. Ein attraktives Software-Produkt ist dabei mehr als nützlich und benutzbar. Es stimuliert und motiviert den Nutzer und stellt ihn dabei nicht einfach nur zufrieden, sondern bereitet lang anhaltende Freude (vgl. Hassenzahl 2004, S.2). Dies bedeutet, dass neben einem freundlichen Design und einer ansprechenden Gestaltung auch der Spaß bei und an der Nutzung zu beachten ist. Igbaria/ Schiffmann/ Wieckowski (1994) konnten zeigen, dass Spaß und Freude bei der Benutzung einer Software einen positiven Effekt auf die Akzeptanz und Zufriedenheit des Produktes haben. Ein in diesem Zusammenhang an Bedeutung gewonnener Begriff stellt der „Joy-of-Use“, die Freude der Nutzun , dar:

> *„Joy of Use ist das freudvoll*-genussreiche Erleben der Qualität der Interaktion und der Möglichkeiten, die sich für einen bestimmten Benutzer in einem bestimmten Kontext als Folge des überwiegend unauffälligen, hervorragenden Funktionierens und aufgrund der den Nutzer ästhetisch ansprechenden Gestaltung durch motivierten und den Zielen und *Interessen des Nutzers entsprechenden Gebrauch der Software manifestiert“* (Hatscher 2001, S. 446).

„Joy of Use“ wird als subjektiver, Affekt-bezogener Aspekt der Gestaltung interaktiver Produkte gesehen (vgl. Möller 2010, S.18) und führt unbewusst zu Zufriedenheit. Die Freude und der Spaß bei der Nutzung sind dabei zu einem wichtigen Marketinginstrument geworden, welches nicht nur im Unterhaltungsbereich bei der Konzeption und Entwicklung neuer Produkte als Anforderung angesehen wird (vgl. Burmester et al. 2002, S.33).

Aufgrund der erläuterten Problematiken der unterschiedlichen Konzepte ist es nicht ausreichend, die Bestandteile, die in der DIN EN ISO Norm 9241-11 (1999) enthalten sind, einfach ohne Ergänzungen zu übernehmen und zu übertragen. Diese Aspekte allein sind nicht ausreichend um eine gute Usability zu generieren. Der Begriff der Utility, der bei Nielsen (1993) als Bestandteil der Usefullness und nicht der Usability gesehen wird, sollte als Ausgangspunkt gelten und in einer Usability-Definition als Bestandteil aufgeführt werden. Besonders im Zusammenhang mit einer Mobile Application ist eine Nützlichkeit zu erstmaligen Systemausführung von Bedeutung. Ziel ist es das Leben der Nutzer zu vereinfachen (vgl. Oinas-Kukkonen 2003, S.3). Ein Produkt wird zu keinem Erfolg, wenn es keinen Nutzen stiftet oder die Ausführung keine Freude bereitet. Dabei fließen die Funktionen und der Inhalt, die zur subjektiven Zielerreichung notwendig sind, zu gleichen Anteilen in die Utility ein und können als dessen Bestandteile angesehen werden. Als aufgabenbezogenen Aspekte der Usability werden die Effektivität und Effizienz eines Software-Produktes bezeichnet. Diese beeinflussen direkt die Interaktion mit dem Nutzer. Als Einfachheit der Bedienung können diese Bestandteile als Ease-of-Use zusammengefasst werden (vgl. Bevan, 1995, S.349). Der letzte, aber nicht zu unterschätzende Aspekt ist der Joy-of-Use, dieser besteht, wie oben beschrieben, aus dem freudvoll und genussreiche Erleben der Qualität der Interaktion, was unter de Aspekt: „Freude“ zusammengefasst ist sowie der hervorragenden ästhetischen und emotionalen Gestaltung der Anwendung, was unter de Be riff: „Desi n“ zusammengefasst wird. Die Bestandteile der Usability einer Mobile Application können somit als: „Utility“, „Ease-of-Use“, und „Joy-of-Use“ zusa en efasst werden.

Abbildung 3 verdeutlicht dies grafisch: Die Reihenfolge der Nennung ist bewusst gewählt. Zunächst ist es wichtig, dass die Nützlichkeit eines interaktiven Produktes gegeben ist. Wird ein interaktives Produkt nicht benötigt und bietet keinen Nutzen, können anderen Gestaltungsfaktoren nicht zur Zufriedenheit mit der Usability führen. Erst im folgenden Schritt sind die aufgabenbezogenen Funktionen von Bedeutung. Sobald ein Nutzen gegeben ist und die Funktionen effektiv und effizient erfüllt werden können, sind die Nutzer technisch zufriedengestellt. Zur emotionalen Zufriedenheit müssen noch affektbezogene Stimuli zur Beurteilung herangezogen werden. Die Darstellung ist dabei nur als eine schematische Veranschaulichung der Bestandteile zu sehen. Die gleichen Durchmesser der Kreise bedeuten nicht, dass diese im gleichen Umfang die Usability beeinflussen. Ebenso hat die Pfeillänge keine

Bedeutung (zur Gewichtung der einzelnen Bestandteile der unterschiedlichen Arten von Mobile Applications siehe Punkt 4.1.2).

Abbildung 3: Bestandteile der Usability

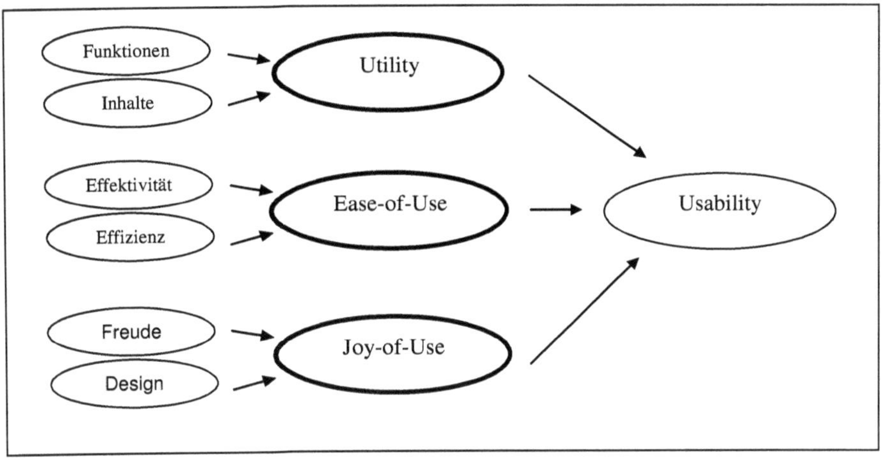

Quelle: Eigene Darstellung.

3. Gestaltungsanforderungen an die Usability von Mobile Applications

> *„Similary, there are many differences between mobile and desktop use, such as small versus big screen, on the move versus stationary, touch versus mouse, wirless (and sometimes spotty) connectivity versus faster wired Internet and so on."* (Nielsen/ Budiu 2013, S. x).

Das Zitat verdeutlicht die Unterschiede der mobilen Nutzung, der auch Mobile Application ausgesetzt sind und der stationären Nutzung was es genauer zu erörtern gilt. Nachdem in Kapitel 2 die konzeptionellen Grundlagen erarbeitet und die elementaren Usability-Bestandteile herausgearbeitet wurden, ist das Ziel im dritten Kapitel die allgemeinen Bestandteile auf die spezifischen Anforderungen von Mobile Applications zu übertragen. Dazu werden zunächst allgemein technische (Kapitel 3.1) sowie situative Anforderungen (Kapitel 3.2) der Usability von Mobile Applications herausgearbeitet, um in Kapitel 3.3 ausgehend von den in Kapitel 2.2 beschriebenen allgemeinen Bestandteilen diese direkt auf den Kontext von Mobile Applications zu übertragen. Ergebnis soll es sein, herauszustellen, welche Funktions- und

Designanforderungen in der Entwicklung beachtet werden müssen, um die Usability einer Mobile Application zu verbessern.

3.1. Technische Anforderungen durch Mobiler Devices

Mobile Applications werden vorwiegend auf Mobile Devices wie Smartphones oder Tablets verwendet. Das ist ein Grund, warum die Usability von Mobile Applications besonderen Kriterien ausgesetzt ist. Es ist zu beachten, dass diese Endgeräte aufgrund ihrer Kompaktheit technischen Begrenzungen ausgesetzt sind. Eine Studie zur Usability von mobilen Systemen von der Nielsen Normann Group in Großbritannien und den USA aus dem Jahr 2009, zeigt, dass nur 59% der Teilnehmer Erfolg bei der Aufgabenbewältigung hatten. Die größten Probleme waren die Bildschirmgröße, das mobile Tippen und die Downloadgeschwindigkeiten (vgl. Budiu 2009, S.1). Ein Versuch diese Probleme zu verbessern, wird im Folgenden erläutert.

3.1.1 Bildschirmgröße

Auch Keck (2010) erkannte, dass die Bildschirmgröße mobiler Devices besonderer Beachtung zu widmen ist:

> „Aufgrund ihrer Mobilität besitzen iPhone, Blackberry & Co. verhältnismäßig kleine Bildschirme, die das Hosentaschenformat nicht überschreiten. Dementsprechend **wenig Raum** *bleibt für die Darstellung von Inhalten und Interaktionselementen*" (Keck 2010, S.2).

Das Ziel ist es, eine Mobile Application zu gestalten, die trotz des geringen Platzes eine überdurchschnittliche Usability erreicht. Es ist selbsterklärend, dass die Bildschirmgröße zu klein ist um alle Informationen unterzubringen. Deshalb ist das Platzangebot für das wesentliche zu nutzen und nur Features zu integrieren, die im mobilen Kontext als zwingend notwendig anzusehen sind (vgl. Keck 2010, S.2). Das bedeutet, dass dem Nutzer nur das angezeigt und zur Verfügung gestellt wird, was dieser in der jeweiligen Situation benötigt. Zu beachten ist schon während dem Planungs- und Entwicklungsprozess auf welches Endgerät eine Mobile Application optimiert wird. Zwar sind aufgrund der technischen Entwicklung die Unterschiede gering, aber eine Mobile Application mit einem Betriebssystem des Unternehmens Google erfüllt andere Standards als eine Application vom Konkurrenten Apple. Deshalb kann eine spezifische Mobile Application nicht einfach auf dem jeweils anderen System genutzt werden. Im Idealfall sollten verschiedene Programmierungen für jede Endgeräteklasse dazu führen, dass unterschiedliche Designs speziell auf jedes mobile Device optimiert sind (vgl. Nielsen/ Budiu 2013, S.17). Hauptpunkt ist, sich bei den Darstellungen auf die wesentlichen Eigenschaften, die im mobilen Kontext benötigt werden, zu beschränken. Dabei sind nur Informationen anzuzeigen, die auch zwingend erforderlich sind, um das Ziel schneller zu erreichen.

3.1.2 Mobiles Tippen

Auf eine benutzerfreundliche Handhabung der Texteingabe ist im Entwicklungsprozess ebenfalls zu achten. Das Eingeben von Wörtern in mobilen Geräten ist sehr mühsam und erfordert oft Geduld vom Nutzer. Systeme mit wenig direkter Texteingabe sind gegenüber Systemen mit hoher Texteingabe von Vorteil und wirken sich positiv auf die empfundene Usability aus (vgl. Duda et al. 2002, S. 22). Da die Funktionsmöglichkeit des Eintippens in den meisten Situationen essentiell und nicht zu eliminieren ist, sollte dies dem Nutzer so angenehm und einfach wie möglich gestaltet werden. Im optimalen Fall ist dem Nutzer eine vollwertige Tastatur zur Eingabe bereitzustellen (vgl. Stapelkamp 2007, S. 501). Dadurch ist es möglich, dass die Nutzer entsprechende Wörter leichter eingeben und auf mögliche, durch das System verursachte, Fehler direkter reagieren können. Ebenso ist eine schnellere und effektivere Eingabe möglich, die den Nutzer schneller zur Zielerreichung führt. Funktionen, wie eine Sprachsteuerung, führen dazu, dass ein manuelles Tippen fast vollständig entfallen kann. Dabei muss aber darauf geachtet werden, dass die Funktion technisch ausgereift ist und Nutzereingaben genau verstanden werden. Dies kann von Entwicklern meistens nicht beeinflusst werden, da es sich um eine spezifische Funktion des Endgeräts handelt, die integriert ist und qualitativ vom Device Entwickler abhängt. Zu beachten ist, dass dieses Feature nicht bei jeglichen Arten von Mobile Application zu verwenden ist, da dies abhängig von dem Ziel, welches ein Nutzer anstrebt, nur eingeschränkt oder gar nicht von Nöten ist. Bei der Usability-Gestaltung ist es wichtig die entsprechende Funktion technisch zu optimieren und in die Mobile Application einzubauen. Dadurch kann das mobile Tippen auf ein geringes Niveau gesenkt werden, um dem Nutzer eine angenehme Handhabung zu ermöglichen.

3.1.3 Geschwindigkeit und Datengröße

Neben der optimalen Ausnutzung des Platzes ist zu beachten, dass die Geschwindigkeiten von Mobile Applications aufgrund der Kompaktheit und der damit einhergehenden begrenzten technischen Möglichkeiten der Endgeräte, eine weitere Restriktion darstellt. Neben der limitierten Prozessorgeschwindigkeit ist das mobile Internet ein Faktor, der bei der Geschwindigkeit beachtet werden muss. Mobiles Internet, mit denen viele Mobile Application verbunden sind um Aktualität zu garantieren, nähert sich bei dem Geschwindigkeitsniveau zwar dem stationärer WLAN-Verbindungen an, ist aber noch nicht damit zu vergleichen. Speicherintensive Grafiken oder Videosequenzen würden zu langen Downloadraten führen und die Wartezeit erhöhen. Ein zu langes Warten wiederum könnte dazu führen, dass die Ausführung abgebrochen wird oder sich Informationen über andere Kanäle beschafft werden (vgl. Budiu 2009, S.2). Ein sparsames Handhaben mit Visualisierungen jeglicher Art sowie eine Anpassung der benötigten Anwendungs- an die Endgerätegeschwindigkeit ist zu empfehlen. Als zusätzlicher Aspekt sollte die Dateigröße der Mobile Application nicht den Speicher des mobilen Endgerätes zu sehr ausreizen. Zwar haben die Endgeräte mittlerweile gute Speicherkapazitäten, was allerdings dazu führt, dass mehr Programme genutzt werden und Nutzer nicht mit einer Anwendung den Großteil belegt haben wollen. Laut einer Studie des BITKOM-Branchenverbandes (2013) benutzte jeder deutsche Smartphonenutzer im Jahr 2012 durchschnittlich 26 Mobile Applications, wodurch die Speicherkapazitäten an die Grenzen geführt werden. Animationsintensive Anwendungen werden immer speicherplatzintensiver und bringen die Kapazitäten an das Maximum. Dies fließt indirekt in einen weiteren Faktor, der meist geringen Akkulaufzeit, ein. Entwickler sollten darauf achten, dass der Akku bei einer Nutzung der spezifischen Mobile Application nicht zu sehr an Speicherkapazität verliert. Würde dies geschehen, könnte das dazu führen, dass Nutzer die Application nicht öffnen, da die Akkulaufzeit sonst stark begrenzt wäre. Auf ein energiesparendes Ausführen ist, im Sinne des technisch umsetzbaren, zu achten.

Grundsätzlich ist zu erwähnen, dass eine Analyse des angestrebten Betriebssystems als Ausgangslage dienen sollte, um sich bewusst zu machen, was technisch möglich ist, um die Mobile Application an die individuellen Nutzerwünsche anzupassen und die entsprechenden technischen Anforderungen auch optimal einzusetzen, aber nicht durch technische Features zu überspitzen. Neben den oben benannten Anforderungen ist dabei auf weitere Eigenschaften zu achten. So sind beispielsweise Farbtiefen und Kontrastniveaus limitiert oder Zeilen- und Spaltenabstände bei Textpassagen anderen Herausforderungen ausgesetzt, was individuell zu beachten ist und entsprechend Verwendung finden muss. Biel et al. (2010) differenzierten weitere Kontextfaktoren deren sich Nutzer auf Mobile Devices ausgesetzt sein müssen. Von Bedeutung sind die Prozessorgeschwindigkeit, die Robustheit und das Gewicht des mobilen Endgeräts.

3.2. Situative Anforderungen

Neben den technischen Einschränkungen aufgrund der Endgeräte, die bei der Usability von Mobile Applications beachtet werden sollten, sind auch situationsabhängige Gegebenheiten von Bedeutung.

> *„The quality of use (measured as effectiveness, efficiency, and satisfaction) is a result of* the interaction between the user and product while carrying out a task in a technical, *physical, social and organizational environment"* (Bevan 1995, S. 353).

Bevan (1995) erkannte, dass es nicht ausreichend ist sich ausschließlich auf die aufgabenbezogenen Bestandteile eines interaktiven Produkts zu beschränken. Die Usability ist immer auch abhängig von dem Kontext und der Umgebung in der sich befunden wird. Die situationsabhängigen Anforderungen können dabei in den mobilen Kontext und die wechselnde Konnektivität unterschieden werden.

3.2.1 Mobiler Kontext

Bei den Gestaltungsanforderungen der Usability von Mobile Application ist es wichtig den Kontext der Nutzung, in der Mobile Applications vorwiegend verwendet werden, zu beachten. Dey et al. (2001) definieren Kontext als sämtliche Informationen, die verwendet werden, um die Gesamtheit von Situationen zu charakterisieren, die für die Interaktion zwischen Nutzer und der Mobile Application von Bedeutung sind. Väänen-Vainio-Mattila und Ruuska (2000) klassifizieren als Charakteristika des mobilen Kontext in Bezug auf das Design von mobilen Devices und Services den technischen, physikalischen und sozialen Kontext. Bei dem technischen Kontext ist demnach die entsprechende Infrastruktur bereitzustellen, die es ermöglicht entsprechende Funktionen auch ausführen zu können. Die physikalische Komponente beschreibt den Umstand, dass Mobile Applications in mobiler Umgebung einwandfrei benutzt werden können. Die soziale Komponente ermöglicht es, Informationen mit anderen Nutzern zu teilen. Die Herausforderung des Kontextes der Mobilität spielt eine besondere Rolle, weil Mobile Applications häufig an Orten verwendet werden, an denen die Lichtverhältnisse deutlich schlechter sind als in stationärer Umgebung. Biel et al. (2010) unterscheiden drei Kontextfaktoren: den Ort der Nutzung, die physikalischen- und die sozialen Umstände. Der wechselnde Ort führt zu physikalischen Veränderungen. Als physikalisch werden die Umstände bezeichnet, die aufgrund der wechselnden Umgebung und/ oder dem Wetter auftreten. Der Nutzer wird während der Ausführung mit potentiellen Störquellen konfrontiert, die von akustischen Beeinträchtigungen bis hin zu schlechter Netzabdeckung reichen können. Als sozialer Kontexfaktor sind private oder gemeinschaftliche Nutzung, die zu Beeinflussung führen können zu differenzieren (vgl. Biel et al. 2010, S.2034). Der Nutzer befindet sich oft in einem ablenkenden Umfeld, beispielsweise im Straßenverkehr oder beim Einkaufen (vgl. Keck 2010, S.1). Es ist wichtig, dass eine Mobile Application dies beachtet und während des Gestaltungsprozesses ein Fokus auf den mobilen Kontext gelegt wird. Zunächst ist die hektische mobile Umgebung zu beachten, deren mobile Nutzer ausgesetzt sind. Im Sinne einer guten Usability ist eine Mobile Application dabei problemlos zu unterbrechen und an einen späteren Zeitpunkt an derselben Stelle weiter zu führen. Das plötzliche Erreichen einer Zielstation während einer Bahnfahrt oder das Erreichen eines Anrufes, kann das Unterbrechen einer Anwendung erfordern (vgl. Dantas et al. 2009, S.555). Um die Usability sicherzustellen, ist besonderer Fokus auf die unvorhersehbaren Ereignisse zu legen, denen Nutzer ausgesetzt sind. Eine Mobile Application sollte dem Nutzer dahin unterstützen, dass beispielsweise Daten rechtzeitig gesichert werden, wenn ein Nutzer persönlich durch ein plötzliches Ereignis daran gehindert wird oder es in der hektischen Umwelt nicht selbst bedenkt. Eine Nichterfüllung kann zum Verlust von Daten führen, was den Nutzer verärgert und zu keiner Systemzufriedenheit führt. Ein effizienter Weg die Usability von Mobile Applications zu verbessern, ist es, den Inhalt auf den Nutzerkontext anzupassen (vgl. Kaasinen 2005, S. 20). Dabei sind die unvorhersehbaren Ereignisse, die permanent eintreten können, von einem System optimal zu handhaben, um den Nutzer zu unterstützen und Zufriedenheit zu generieren.

3.2.2 Technische Herausforderungen der mobilen Umgebung

Neben der Herausforderung der wechselnden Umgebung sind noch Anforderungen zu beachten, die technisch aufgrund des mobilen Kontexts auftreten. Die Konnektivität des mobilen Endgerätes stellt eine Herausforderung dar. Die Verbundenheit mit dem mobilen Internet oder dem Handynetz des Mobilfunkanbieters zur Ausführung einer Mobile Application ist eine Limitation, die zu einer Beeinträchtigung führen kann. Deshalb ist zu beachten, dass eine Konnektivität der spezifischen Mobile Application möglichst nicht nötig ist um die Anwendung zu verwenden. In der mobilen Umgebung, vor allem im ländlichen Raum, ist eine Netzabdeckung des mobilen Internets und des Mobilfunkbetreibers nicht vollständig gegeben. Eine permanente Internetverbindung kann zum vollständigen oder teilweisen Abbruch von Funktionsausführungen führen. Die Konnektivität der Verbindung sollte deshalb beachtet werden und bei ausreichender Netzabdeckun „vorarbeiten". Denkbar ist, dass beispielsweise ein Video, das in der Mobile Application eingebunden ist und angesehen wird, während einer stärkeren Konnektivität die Daten schneller lädt um nicht plötzlich zu unterbrechen, wenn für wenige Sekunden kein Empfang vorhanden ist. Ebenso sollte garantiert sein, dass permanente Aktualisierungen automatisch ausgeführt werden, wenn ausreichend Verbindung vorhanden ist.

Dies führt dazu, dass der Nutzer immer die aktuellsten Daten zur Verfügung gestellt bekommt und nicht bei dem Bedürfnis einer Informationsbefriedigung zu anderen Medien ausweicht, da eine schlechte Netzabdeckung vorhanden ist. Eine gute Konnektivität und Verbindung mit dem mobilen Internet des Endgeräts sowie eine damit verbundene Mobile Application sind essentiell um die Funktionen zu garantieren, die ein Nutzer fordert. Gestalter und Entwickler sind angehalten, genau zu überprüfen, welche Netzabdeckungen erforderlich und in den Bereichen geboten sind. Dadurch können Nutzungsschwierigkeiten aufgrund dieser technischen Verbindungsproblemen schon im frühen Entwicklungsstadium erkannt und behoben werden, um den Fokus auf inhaltliche Aspekte legen zu können.

3.3. Spezielle Anwendungsanforderungen

Kapitel 3.1 und 3.2 haben erläutert, was aufgrund der Kompaktheit der Endgeräte zu berücksichtigen ist und welchen Herausforderungen der Nutzer in der mobilen Umgebung allgemein ausgesetzt ist. Dabei sind vor allem technische und situative Begrenzungen von Bedeutung. Im folgenden Kapitel soll nun auf die speziellen Anforderungen zur Verbesserung der Usability-Bestandteile in einer Mobile Application eingegangen werden.

> *„Ziel sollte es sein (...) Apps zu entwickeln, die sich rund anfühlen, die Spaß machen, die man gern benutzt. Kurz, die man einfach auf deinem Handy nicht mehr missen möchte"* (insertEFFECT 2011, S.8).

Empfehlungen, um dieses Ziel zu erreichen, wird das nächste Kapitel geben. Zunächst wird auf die Anforderungen an die Utility einer Mobile Application eingegangen (Zur Begründung der Reihenfolge siehe Punkt 2.2). Aufbauend werden die Attribute des Ease-of-Use und des Joy-of-Use detaillierter erläutert. Dabei ist zu erwähnen, dass in dem folgenden Kapitel auf allgemeine Anforderungen eingegangen wird. Diese sind allerdings unterschiedlich und abhängig von der Art und dem Ziel der jeweiligen Mobile Application. Nicht alle Anforderungen können im gleichen Umfang auf unterschiedliche Arten von Mobile Applications (z.B.: Gameing-App, News-App) übertragen werden. Entsprechende Beispiele dienen ausschließlich der Veranschaulichung bestimmter spezifischer Anforderungen. (Zur Differenzierung der unterschiedlichen Arten und deren Realisierungsmöglichkeiten im Planungsprozess siehe Kapitel 4.1.2.).

3.3.1. Utility

Duda et al. (2002) konnten zeigen, dass die Nützlichkeit das wichtigste Attribut für die Akzeptanz eines Systems ist. Dabei entscheiden Kunden über Kauf oder Nutzung von Angeboten, indem sie abwägen, welches Angebot den höchsten Wertgewinn bzw. Nettonutzen bringt. Der Nettonutzen entsteht dabei aus der Nutzensumme, die der Kunde erhält, und der Kostensumme, die der Kunde investieren muss (vgl. Bliemel/ Fassott 2002, S.9). Nutzen und Kosten sind dabei nicht nur auf ökonomische Aspekte beschränkt, sondern umfassen auch soziale und psychologische Dimensionen (vgl. Eggert 2001, S.98). Dabei hängt die subjektive Nützlichkeit von dem Ziel und dem Grund der Nutzung ab. Im Kontext der Mobile Application müssen besonders die spezifischen Faktoren des mobilen Nutzungskontexts optimiert werden. Denn diese determinieren die Utility der mobilen Anwendung (vgl. Yom 2002, S. 177). Im Sinne der Nützlichkeit muss eine Mobile Application für den Konsumenten als sinnvoll angesehen werden, um bestimmte Bedürfnisse zu befriedigen. Dabei ist zunächst zu unterschieden, um welche Art von Mobile Application es sich handelt. Ivan/ Zamfiroiu (2011) unterscheiden dabei fünf verschiedene Ausprägungsarten von Mobile Application:

- Applications for general Information: Mobile Applications die jegliche Art von Informationen zur Verfügung stellen (Bsp. Wetter, TV-Programm, Horoskop).
- Applications using personal data to login: Anwendungen, bei denen ein persönlicher Log-in auf einem Server nötig ist (Bsp. Mobile Banking).
- Network communication applications: Mobile Applications zur sozialen Kommunikation mit anderen Nutzern (Bsp. Facebook, Whatsapp, Email).
- Economic applications: Mobile Applications die einen ökonomischen Hintergrund haben, also Anwendungen, die zum Kaufen oder bezahlen von Produkten genutzt werden können (Bsp. Amazon).
- Games: Spiele, die dazu dienen Leerzeiten zu füllen und dem Kunden Spaß bringen.

Nützlichkeit ist gegeben, wenn die Mobile Application den individuellen Erwartungen entspricht, dies bedarf es, bezogen auf die Ausprägungsarten, näher zu erläutern. Im Zusammenhang der application for general information sollte dem Nutzer die geforderten Informationen schnell und unkompliziert zur Verfügung gestellt werden. Dabei ist auf Aktualität zu achten. Der User will keine veralteten Informationen oder Nachrichten erhalten. Das bedeutet, dass die Qualität durch die Aktualität und Einfachheit von Updates gegeben ist (vgl. Ivan/ Zamfiroiu 2011, S. 139). Bei Mobile Applications der Kategorie: using personal data log-in ist ein hohes Sicherheitsniveau nötig, um die sensiblen Daten zu schützen. Als beste Option sind die

Daten in einem Kommunikationskanal zwischen dem Endgerät und dem Anbieter abzusichern. Die Sicherheit der persönlichen Daten bezeichnen ebenfalls ein Qualitätsmerkmal einer Mobile Application dieser Kategorie (vgl. ebenda, S. 137f). Nur wenn dies vorhanden ist, ist die Nützlichkeit gegeben und die Nutzer geben Ihre persönlichen Daten zur Anmeldung bereit. Dabei muss der Inhalt so optimiert sein, dass alle gewünschten Funktionen auch ausführbar sind. So wäre es bei einer Banking-Application wichtig, dem Kunden ausnahmslos alle Möglichkeiten, die am heimischen stationären PC im Internet verwendbar sind, ebenfalls zur Verfügung zu stellen. Beispielsweise sollte eine Banking-Application, mit der allgemeine Bankgeschäfte absolviert werden können, nicht nur die Abfrage der Kontostände ermöglichen sondern auch das Überweisen von Geldbeträgen. Andernfalls würde der Nutzen der Anmeldung zu gering ausfallen und nicht erfolgen. Die Besonderheit der networking communication applications legt den Fokus auf Social Media. Dabei ist den Nutzern wichtig, den Kontakt mit anderen Usern zu pflegen. In diesem Zusammenhang ist von Bedeutung, dass ein permanenter Kontakt mit dem Netzwerk sichergestellt ist. Oft werden Netzwerke mit dem mobilen Internet verknüpft. Da eine permanente Verbindung nicht beeinflusst werden kann, ist sicherzustellen, dass eine mobile Verbindung auch bei geringer Netzstärke oder Konnektivität gegeben ist. Economic applications, die für den Produktvertrieb eingesetzt werden, sollten einen Vorteil gegenüber Web-Sites am stationären Computer besitzen oder sich durch besondere Faktoren auszeichnen, da sonst eine Nützlichkeit nicht vorhanden wäre. Möglichkeiten dies zu generieren wäre der direkte Kauf vom Strichcode eines Geschäftes. Bei dieser Variante könnten günstigere Angebote gesucht werden, die mobil direkt bestellt werden. Auch die Möglichkeit mehr Informationen zur Verfügung zu stellen und einen direkten Vergleich mit Produkten zu liefern, könnte die Nützlichkeit einer Mobile Application in dieser Kategorie verbessern, dabei ist allerdings auch zu beachten, dass dem Nutzer nicht zu viele Informationen zur Verfügung gestellt werden. Der geringe Platz des kleinen Bildschirms ist nur mit dem Nötigsten zu füllen. Bei Games ist das Ziel Leerzeiten zu füllen. Als Leerzeiten werden Zeiten bezeichnet, in denen ein Nutzer keine Aufgaben zu bewältigen und Zeit zur freien Verfügung hat. Die Anforderungen an eine Gaming-Application sind meist gering. Ein Spiel sollte nicht zu anspruchsvoll und jederzeit zu pausieren sein. Meistens werden diese Art von Mobile Applications dazu genutzt, um Zeit auf der Reise zu überbrücken. Optimal ist eine entsprechende Anwendung so zu konzipieren, dass nicht nur eine einmalige Ausführung stattfindet, sondern der Nutzer zum wiederholten Nutzen angereizt wird. Dies könnte dadurch geschehen, dass in bestimmten Zyklen neue Versionen zur Verfügung gestellt werden, um den Nutzer nicht zu langweilen und durch neue Reize zur Beschäftigung zu motivieren. Die freundliche Gestaltung determiniert dabei die

Qualität der Beurteilung. Je attraktiver die Gestaltung ist, desto höher ist die Qualität einer Mobile Application aus dem Unterhaltungsbereich (vgl. Ivan/ Zamfiroiu 2011, S.139). Wichtig ist auch das Einfügen entsprechender Social-Media Verknüpfungen innerhalb einer Anwendung. Boiano et al. (2012) stellten in diesen Zusa enhan die Bedeutun eines „Social Features" innerhalb einer Mobile Application heraus. Zwar wendeten die Autoren dies auf eine Anwendung im Kulturkontext an, doch lässt sich dies durchaus auf andere Bereiche übertragen. So ist beispielsweise ein Facebook-Icon für das Unternehmen als Marketinginstrument einzusetzen, da Nutzer auf dem Netzwerk veröffentlichen, wenn entsprechende Mobile Applications genutzt werden. Die User sind ebenfalls zufrieden, da das Bedürfnis zum Teilen der entsprechenden Informationen befriedigt und die Zufriedenheit erhöht wird.

Eine zusammenfassende Darstellung der Utility von Mobile Applications findet sich in Abbildung 4. Abschließend ist anzumerken, dass bei der Utility darauf zu achten ist, dass alle individuell geforderten Nutzereigenschaften in das System zu integrieren sind, um einen Anreiz zu geben, die spezifische Mobile Application zu installieren und zu verwenden. Dabei sind die unterschiedlichen Ziele, die Nutzer bei den unterschiedlichen Kategorien erwarten, zu beachten und im Rahmen des Ease-of-Use umzusetzen.

Abbildung 4: Anforderung an die Utility einer Mobile Application

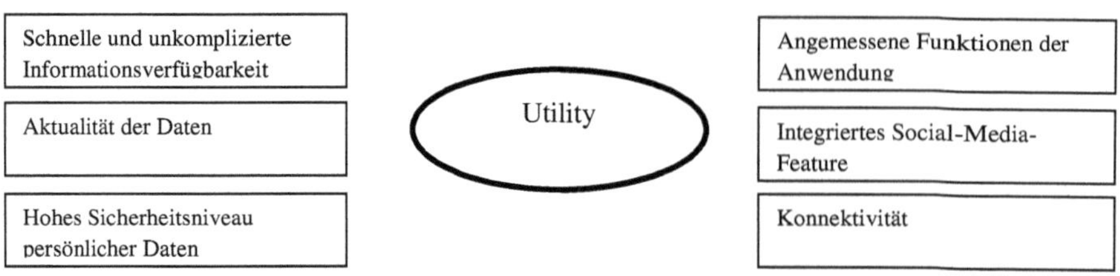

Quelle: Eigene Darstellung.

3.3.2. Ease-of-Use

Wie in Kapitel 2.2 beschrieben, ist ein interaktives Produkt einfach zu bedienen, wenn es effektiv und effizient möglich ist, das subjektive Ziel zu erreichen. Demzufolge ist bei einer Mobile Application der Fokus auf eine effektive und effiziente Gestaltung zu setzen. Konkret beschrieben, muss ein angestrebtes Ziel möglichst genau, vollständig sowie mit angemessen Aufwand zu erreichen sein (vgl. Sarodnick/ Brau 2011, S.37). Auf den spezifischen Kontext der Mobile Application bezogen, gibt es eine Reihe von Guidelines, die Entwicklern helfen, die Anwendung entsprechend zu gestalten (u.a. Keck 2011, Coursaris et al. 2006). Die wichtigsten Empfehlungen sollen im Rahmen dieser Arbeit aufgenommen und erweitert werden. Nielsen (1993, S.115) entwickelte zehn Grundprinzipien (Heuristiken) für die Gestaltung von Bedienoberflächen einer Webseite, die eingehalten werden sollten, um für Zufriedenheit zu sorgen. Diese können auf Mobile Applications angewendet werden. Der Ease-of-Use hat einen starken Einfluss auf die Zufriedenheit eines interaktiven Produktes, weshalb sich an diese Gestaltungs-Heuristiken orientiert werden soll. Die Heuristiken nach Nielsen (1993) finden sich zusammengefasst in der DIN EN ISO Norm 9241 Teil 110 als Grundsätze der Dialoggestaltungen interaktiver Systeme wieder (vgl. Sarodnick/ Brau 2011. S.39ff):

- Aufgabenangemessenheit
- Selbstbeschreibungsfähigkeit
- Erwartungskonformität
- Steuerbarkeit
- Fehlertoleranz
- Lernförderlichkeit
- Individualisierbarkeit

Diese Grundsätze beziehen sich nicht auf den mobilen Nutzungskontext, sollen aber aufgrund der allgemeinen Akzeptanz in der Wissenschaft auf Mobile Application angewendet und übertragen werden. Dazu wird zunächst eine allgemeine Bedeutung des Grundsatzes gegeben und dieser auf Mobile Applications angewandt.

Aufgabenangemessenheit bedeutet, dass ein System einen Benutzer dabei unterstützt, die Arbeitsaufgaben zu erledigen. Im mobilen Kontext hat ein Nutzer nicht besonders viel Zeit und befindet sich in einem hektischen Umfeld. Daher ist es wichtig, dass die Mobile Application den User bei der Aufgabenbewältigung unterstützt (vgl. Keck 2010, S.6). Zum einen sollte dies durch so enannte „Call-to-Action“ –Elemente geschehen. Damit ist gemeint, dass Nutzer durch entsprechende Features und einfache Handhabung beispielsweise nach einer Suche des nächsten

Restaurants sofort die angezeigte Telefonnummer anrufen können, um direkt einen Tisch reservieren zu können. Das wichtigste Ziel der Anwendung ist es, die korrekten Daten zu produzieren (vgl. Ivan/ Zamfiroiu 2011, S.138). Dabei spielt ein weiterer Punkt eine besondere Rolle: Die Mobile Application sollte die gerätespezifischen Funktionen, also die Extras, die im Endgerät integriert sind, sinnvoll einsetzen und nutzen. Dabei ist zwischen Bedienelementen und Anwendungsspezifischen Features zu unterscheiden. In der Kategorie der Bedienelemente ist es dem Nutzer zu überlassen, ob der Bildschirm des Endgerätes quer oder längst betrachtet wird. Die Funktionen sind dabei unbeeinträchtigt zu halten. Duda et al. (2002) konnten im Rahmen des WAP feststellen, dass es zu bevorzugen ist zu scrollen, statt zu klicken. Dies hat aufgrund der technischen Weiterentwicklung im Rahmen von Mobile Applications weiter an Bedeutung gewonnen und ist unbedingt zu beachten. Eine Seite zu scrollen, ist dabei deutlich einfacher zu handhaben, als sie durch klicken zu bewegen. Ebenfalls sind individuelle multi-touch Gesten, wie das Vergrößern bzw. Verkleinern des Bildschir s („Pinchin ") oder das doppelte Antippen („double tab") estaltun stechnisch u zusetzen (v l. eck 2010, S.7). Dadurch ist es de Nutzer möglich, individuell seine Informationen zu vergrößern. Dabei ist zu beachten, dass das Zoomen in Mobile Application dazu führt, dass der Nutzer Informationen leichter lesen oder erkennen kann, wodurch allerdings die Gefahr besteht, dass an Orientierung verloren wird und der Nutzer nicht mehr genau feststellen kann, wo er ich in der Anwendung befunden hat (vgl. Nielsen/ Budiu 2009, S. 10). Für die Entwicklung bedeutet dies, dass ein Zoomen zwar einzuführen ist, allerdings beachtet werden muss, dass einem Nutzer der diese Funktion verwendet, trotzdem bekannt ist, an welcher Stelle er sich befindet. Diese könnte dadurch garantiert werden, dass eine Möglichkeit der Lage-Bestimmung innerhalb der Mobile Application eingeführt wird, die erkennen lässt, an welcher Stelle der Nutzer sich befindet. Als anwendungsspezifische Features sind Funktionen zu bezeichnen, die die Handhabung der spezifischen Mobile Application verbessern. Als eine wichtige Funktion kann die Lokalisierungsfunktion des Endgeräts angesehen werden. Diese Funktion ist sinnvoll, um im direkten Umfeld entsprechende Ergebnisse anzuzeigen und direkt dem Nutzer zur Verfügung zu stellen. Die Genauigkeit sollte dabei individuell vom Nutzer nach dessen Ansprüchen definiert werden können. Durch die sinnvolle Nutzung und Kombination der gerätespezifischen Funktionalitäten kann sich die Mobile Application vom „ ew hnlichen" Weban ebot abheben und dem Nutzer exklusive Vorteile bieten (vgl. Keck 2010, S.7). Falls nötig, ist es möglich die Kamerafunktion, die nahezu jedes Endgerät besitzt, in die Anwendung zu integrieren. Zur Produktinformationsanzeige kann die Ka era als „Scanner" des Barcodes verwendet werden. Dem Nutzer werden dadurch einfach und unkompliziert die gespeicherten Daten angezeigt.

Als Selbstbeschreibungsfähigkeit wird die Fähigkeit beschrieben, dass sich Nutzer jederzeit bewusst sind, wo im System sie sich befinden, welche Handlungen unternommen und wie ausgeführt werden können. Der Benutzer ist dabei über Änderungen des Zustandes des interaktiven Systems zu informieren (vgl. Sarodnick/ Brau 2011, S.40f). Im mobilen Kontext und seiner hektischen Umgebung sind dem Nutzer eine schnelle und reibungslose Zielerreichung besonders wichtig. Dabei kann dies nicht immer gewährleistet werden. Um den Nutzer nicht zum Funktionsabbruch und zum möglichen Verwenden anderer, ähnlicher Anwendungen zu bringen, ist bei Problemen oder längeren Ladezeiten eine Meldung an den Benutzer zu senden, damit dieser weiß, dass die Ausführung stattfindet und über den Status informiert wird. Eine Statusleiste bei Downloads, die veranschaulicht wie lange gewartet werden muss und an welcher Stelle der Ausführung sich befunden wird, ist durch das System zur Verfügung zu stellen. Ebenso ist es wichtig, bei bestimmten Eingaben dem Nutzer zu erläutern, wie die Eingabe erfolgen sollte. Beispielsweise bei einer Datumseingabe, dass ein Nutzer direkt weiß, das Datumsformat sei TT/MM/JJJJ. Im Sinne der Navigation sind auch Informationen über den folgenden Schritt zu publizieren. Durch eindeutige Einblendungen wird dem Nutzer gezeigt, was die nächsten Schritte sind. Dies kann beispielsweise durch kurze Beschreibungen innerhalb der Mobile Application geschehen.

Erwartungskonform wird ein interaktives System bezeichnet, wenn aus dem Nutzungskontext vorhersehbare Benutzerbelange sowie allgemeine Konventionen entsprochen wird. Wichtig ist dabei auf Konsistenz der Begriffe zu achten. So sollte eine Mobile Application, die beispielsweise ein vorhandenen Webauftritt oder ein Printmedium ergänzt, das gleiche Layout und Design erhalten (vgl. Gong/ Tarasewich 2004, S.3752f). Dabei sind eigenständige, visuelle Gestaltungen nicht direkt als Verstoß gegen die Erwartungskonformität anzusehen, vielmehr ist innerhalb einer Software auf eine einheitlich Bedienung und Konsistenz zu achten (vgl. Hassenzahl 2003, S.16), was bedeutet, dass beispielsweise bestimmte Funkionen an verschiedenen Stellen innerhalb eines Menüs nicht unterschiedlich benannt werden, obwohl der gleiche Inhalt angesprochen wird. Steuerbarkeit bedeutet, dass der Nutzer in der Lage ist die Anwendung zu starten sowie die Richtung und Geschwindigkeit soweit zu beeinflussen, bis das Ziel erreicht ist. In einer Anwendung, die für das Schreiben von Emails verwendet wird, wäre das beispielsweise durch die Funktion des Speicherns und jederzeit wieder Fortsetzens, an der gleichen Stelle, möglich.

Fehlertoleranz ist gegeben, wenn das beabsichtigte Arbeitsergebnis, trotz erkennbarer fehlerhafter Eingaben, entweder mit keinem oder mit minimalem Korrekturaufwand seitens des

Benutzers erreicht werden kann. In einer Navigations-Application ist darauf zu achten, dass bei fehlerhafter oder unvollständiger Adresseingabe dem Nutzer entsprechende korrekte Ergebnisse bzw. ein entsprechender Hinweis angezeigt werden. Falls dies nicht möglich ist, ist es wichtig, dass der Nutzer unkompliziert die Eingabe manuell ändern kann. Dies zeigt die Bedeutung des Umgangs mit Fehlern innerhalb eines Systems. Dabei ist neben den Hilfestellungen vor allem wichtig erst gar keine Fehler entstehen zu lassen.

Der Fokus der Lernförderlichkeit ist erreicht, wenn der Benutzer beim Erlernen der Nutzung des interaktiven Systems unterstützt und angeleitet wird. Dies wird bewirkt, indem die Anwendung beim erstmaligen Gebrauch dem Nutzer kurz und präzise erläutert, welche Funktionen allgemein möglich. Ebenso ist die Funktionsweise der Steuerung detailliert zu erörtern. Im Sinne einer Gaming-Application wäre beispielsweise die Einführung eines Tutorials, also eines „Probespiels“ zu erlernen der Steuerung sinnvoll. Dies ist durchaus in anderen Bereichen ebenfalls umzusetzen. Ein wichtiger Aspekt stellt hierbei ein digitales Handbuch zur Funktionserläuterung innerhalb einer Mobile Application dar.

Die Individualisierbarkeit, als siebter Aspekt der Dialoggestaltung, bedeutet, dass der Benutzer das System und die Darstellung von Informationen ändern kann, um dies an die persönlichen, individuellen Fähigkeiten und Bedürfnisse anzupassen. Eine Vertriebs-Application sollte die Funktion besitzen, dass nur Angebote angezeigt werden, die den Ansprüchen des Nutzers entsprechen. Dies kann beispielsweise durch eine einmalige Profil-Information, nach der Installation erfolgen. Dadurch ist eine individuellere Anzeige möglich.

Abbildung 5: Anforderung des Ease-of-Use einer Mobile Application

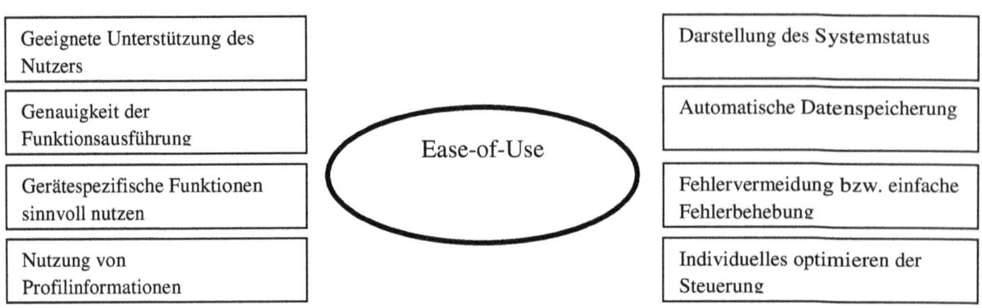

Quelle: Eigene Darstellung.

Im Sinne des Ease-of-Use sind erläuterte Anforderungen zu beachten und möglichst umzusetzen. Die wichtigsten Anforderungen sind in Abbildung 5 veranschaulicht zusammengefasst. Dabei vernachlässigen die benannten Heuristiken moderne Ansätze in der Forschung zu diesem Thema. Beispielsweise werden interkulturelle Aspekte und der Joy-of-Use nicht explizit gefordert. Wie erwähnt, ist es allerdings nicht ausreichend, sich bei Gestaltungsanforderungen auf allein aufgabenbezogene Qualitäten zu fokussieren und den Joy-of-Use zu vernachlässigen, was bei Mobile Applications ebenso nicht der Fall sein darf, wie bei jedem anderen interaktiven Produkt. Deshalb bedarf es im nächsten Kapitel detailliertere Erläuterungen der Anforderungen an den Joy-of-Use.

3.3.3. Joy-of-Use

> *„Die Herausforderung an den Gestalter ist es, die Balance zwischen pragmatischen und* hedonischen Qualitäten zu finden, wie z.B. zu stimulieren ohne zu verwirren oder eine Erleichterung der Bedienung zu erreichen ohne la*ngweilig zu werden."* (Hassenzahl 2003, S.2).

Die Aussage Hassenzahls deutet darauf hin, dass völlige Zufriedenheit nur erreicht wird, wenn neben der reibungslosen Aufgabenbewältigung bzw. den aufgabenbezogenen Funktionen, die dazu führt, dass eine Mobile Application effektiv und effizient zu bedienen ist, auch eine ästhetische und entsprechende Gestaltung sowie emotionale Aspekte beachtet werden. Denn durch eine emotionale und freundliche Gestaltung ist Systemzufriedenheit zu generieren. Brave und Nass (2009) sehen Joy-of-Use zwar schon in der Erfüllung von Effektivität, Effizienz und Zufriedenstellung, verweisen dabei aber auf die nötige Balance zwischen Usability und Schönheit. Dies wird nur erfüllt, wenn ein Produkt gut funktioniert, gebrauchstauglich und verständlich ist. Das bedeutet, dass ein interaktives Produkt zwar emotional ansprechend zu gestalten ist. Die Funktionsausübung ist aber zunächst zu gewährleisten. Eine wichtige Bedeutung der ansprechenden Gestaltung kommt dem Design zu. Dieses bestimmt die Funktionen (Interface- und Interactiondesign) und Formen (Screen- und Informationsdesign) eines interaktiven Produktes und trägt maßgeblich zu einer guten Usability bei (vgl. Stapelkamp 2007, S. 517). Norman (2002) fand heraus, dass Menschen, die sich in entspannten Situationen befinden, weil sie angenehmes, freundliches und vergnügliches Design erleben, gegenüber Problemen und Schwierigkeiten toleranter sind. Dies zeigt auf der einen Seite den Stellenwert einer emotional ansprechenden Gestaltung von Mobile Applications, auf der anderen Seite steht dem der hektische Kontext der Mobilität gegenüber. Auch wenn sich Nutzer mobiler Anwendungen meistens nicht in entspannenden Situationen befinden, sollte zumindest versucht werden einen Fokus auf emotionale Reize zu setzen. Ein elegantes und passendes Design kann dabei den Nutzer noch intensiver und positiver beeinflussen. Somit kann Joy-of-Use als Attribut zur Intensivierung der Nutzung angesehen werden. Schon das entsprechende Icon der spezifischen Mobile Application auf dem Startbildschirm des Endgerätes, sorgt für immer wiederkehrendes Bewusstsein und eine emotionale Bindung zu dem interaktiven Produkt. Hassenzahl (2003) weist darauf hin, dass Softwaredesigner von Computerspielen lernen können und das Er ebnis auf „herk liche“ Programme übertragen werden kann. Das Ziel ist eine attraktive Software zu entwickeln. Dies kann dadurch erreicht werden, dass der Benutzer unauffällig beim Lernen unterstützt, durch eine Geschichte motiviert und die Glaubwürdigkeit durch Konsistenz und Aufmerksamkeit für Details gesichert wird. Weiterhin wird erläutert, dass ein Erfolg nur entsteht, wenn pragmatische und hedonische Aspekte angemessen berücksichtigt werden, da nur die Produkte, die interessant und benutzbar sind, auch gekauft werden (vgl. Hassenzahl 2003, S.3).

Im Rahmen einer Gaming-Application ist entsprechendes einfach zu verstehen. Ein gutes Spiel behandelt den Spieler wie einen Lehrenden und unterstützt ihn beim Einstieg in das Spiel durch sogenannte Tutorials, also spielende Levels, in denen die grundlegenden Funktionen vermittelt werden. Dies geschieht meistens am Beginn durch das Stellen einfacher Aufgaben, was die Steuerung vermittelt. Im mobilen Kontext ist dies allerdings nicht einfach zu realisieren, da die Nutzer völlig unterschiedliche Zielvorstellungen haben (Siehe Punkt 3.2.). Nutzer, die Gaming-Application verwenden, haben selten die Absicht über einen längeren Zeitraum ein Spiel zu benutzen. Das Ziel ist eine kurze Bedürfnisbefriedigung zum Zeitvertreib, während einer Bahnfahrt oder einer Situation, in der gewartet wird. Daher sollte im mobilen Kontext der Fokus auf eine kurze aber wiederholte Nutzung gelegt werden, dies erfordert ein besonders schnelles Lernen und Verstehen der Steuerung. Zusätzlich ist die Gestaltung emotional anzupassen und zu fesseln. Dabei sind entsprechend der Empfehlung Hassenzahls keine großen Handlungen oder Levels einzubauen, die der Nutzer aufgrund der Kürze der Zeit, nicht erreichen kann. Bei Mobile Applications ist es im Sinne des Joy-of-Use vielmehr von Bedeutung den Nutzer durch allgemein gestaltetes Screen- und Interfacedesign zu begeistern. Zunächst ist auf entsprechende, grundlegende Grafik-Anforderungen zu achten. Das Kontrastniveau und die Bildschirmauflösung sollen entsprechend umgesetzt sein, sodass es auch möglich ist, die dargestellten Ergebnisse zu erkennen und diese sich entsprechend der wechselnden Umgebung anpassen. Dabei ist es auch von Bedeutung, dass der Programmierung bewusst ist, welches Endgerät vorhanden ist, sodass die Bildschirmauflösung entsprechend angepasst wird um eine optimale Darstellung zu generieren. Wichtig ist auch, dass bewusst ist, dass der mobile Nutzer sich innerhalb kürzester Zeit den verschiedensten Lichtverhältnissen aussetzen kann. Dabei ist darauf zu achten, dass sich möglichst automatisch die Lichtverhältnisse der Anwendung an die äußere Umgebung anpassen. Gong/ Tarasewich (2004) weisen darauf hin, dass eine Konsistenz der Mobile Application über bestehende Plattformen hinaus eingehalten werden sollte. Das allgemeine Erscheinungsbild sowie mobile Interface-Design, wie Namen, Farbschemata und Dialogdesign, sollten dem auf anderen Plattformen eingesetzten entsprechen (vgl. Gong/ Tarasewich 2004, S.3752). Dies sorgt dafür, dass Nutzer nicht neu lernen müssen mit dem Programm umzugehen und es sofort verwenden können (vgl. Ivan/ Zamfiroiu 2011, S.138). Des Weiteren ist auf ein „Desi n for enjoy ent“ zu achten: Mobile Applications sollten ebenso visuell erfreulich gestaltet wie nützlich sein. Dies bedeutet aber nicht, dass alle Anwendungen gleich aussehen und funktionieren sollten. Vielmehr ist das Ziel Spaß zu vermitteln, was dazu führt, dass die Mobile Application gerne genutzt wird (vgl. insertEFFECT 2011, S.12). Dies ist durch innovatives Design über wechselnde Versionen möglich und kann als Gegensatz der Konsistenz angesehen werden, durch das Stellen neuer Aufgaben und Herausforderungen aber wiederum zu einer emotionalen Bindung und einen Joy-of-Use bei der Softwarenutzung führen. Ein neues Design kann sich zwar von Version zu Version ändern, die grundlegenden Logos und Symbole sind aber nur in begründeten Ausnahmefällen zu ändern. Mobile Applications müssen begeistern und eine emotionale Bindung aufbauen. Dabei geht es vor allem darum, dem Nutzer etwas Neues und Innovatives zu bieten. Zu beachten ist dabei das Ziel der Mobile Application (Siehe Kapitel 3.3.1.). Eine Informations-Application kann nicht durch fordernde Aufgaben den Nutzer zufriedenstellen, sondern sollte durch entsprechend hochqualitatives Design ein angenehmes Lesen ermöglichen. Eine Mobile Application ist auch mit der gerätespezifischen Funktion des sogenannten Badge auszustatten. Dabei werden Benachrichtigungen mit einem Emblem, dem sog. Badge, dem Benutzer auf dem Home Screen direkt angezeigt. Dieser wird dabei unverzüglich informiert, wenn der Status in der entsprechenden Application sich geändert hat. Entsprechende Neuigkeiten können dazu motivieren, das Programm zu öffnen. Dies sorgt dafür, dass Benutzern neue Informationen, Versionen oder Nachrichten angepriesen werden. Dabei ist zu beachten, dass dem Nutzer die Entscheidungsfreiheit gegeben wird, ob diese Funktion persönlich genutzt werden soll oder nicht. Wenn dies nicht gewünscht, aber integriert ist, könnte dies als störend empfunden werden. Im Falle von neu installierten Mobile Applications ist dies beim erstmaligen Gebrauch durch die Abfrage nach dem Empfang sog. „Push-Mitteilun en“ zu verifizieren.

Der Joy-of-Use ist im Kontext einer Mobile Application vorwiegend auf ein ansprechendes und emotionales Design zu legen, um den Nutzer die Verwendung optisch angenehmer erscheinen zu lassen. In Ausnahmefällen ist es einführbar, den Nutzer durch entsprechende Aufgaben zu fordern und zu motivieren. Doch zu beachten ist, dass die kleinen Anwendungen einer Mobile Application selten eine gleichwertige Funktion am PC ersetzen werden. Video-Game Spieler werden auch weiterhin eine Spielekonsole oder den PC bevorzugen und Tabellenkalkulationen werden zwar durchaus mit einer Mobile Application gelesen, aber in den seltensten Fällen wird das erstellen im mobilen Kontext geschehen. Eine Darstellung der Anforderung an eine Joy-of-Use-Gestaltung liefert Abbildung 6:

Abbildung 6: Joy-of-Use-Anforderungen einer Mobile Application

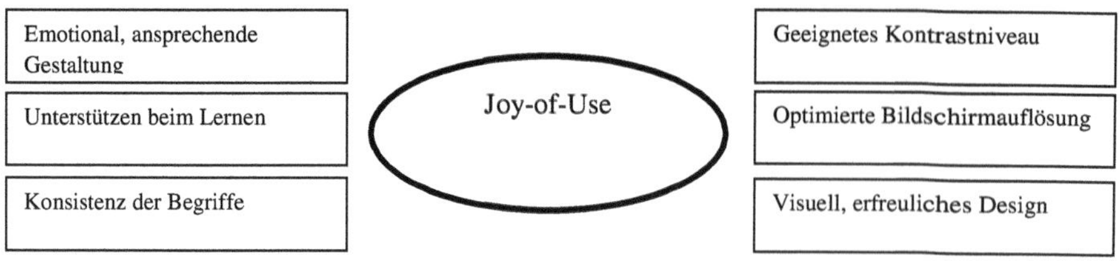

Quelle: Eigene Darstellung.

4. Implementierungsanforderungen im Unternehmenskontext

Nachdem in Kapitel 2 die konzeptionellen Grundlagen und in Kapitel 3 die Gestaltungsanforderungen an die Usability von Mobile Applications bearbeitet wurden, ist im Kapitel 4 das Ziel auf Maßnahmen im Unternehmenskontext hinzuweisen. Dabei ist die Umsetzung und Überprüfung einer Usability-Konformen Gestaltung der entscheidende Aspekt.

> *„Eine optimale Gebrauchstauglichkeit kann nur dann gewährleistet werden, wenn* entsprechende Kriterien von Anfang an bei der Entwicklung neuer Systeme berücksichtigt *werden“ (Sarodnick/ Brau* 2011, S. 87).

Die Aussage bezieht sich zwar nicht direkt auf das System einer Mobile Application, erläutert dennoch die Bedeutung einer permanenten Usability-Überprüfung, während dem gesamten Planungs-, Entwicklungs- und Kontrollprozess. Einen Prozess zur Einhaltung von Usability-Kriterien bietet das Usability-Engineering. Usability-Engineering ist ein, parallel zur klassischen Software-Entwicklung, laufender Prozess, der für eine enge Verzahnung verschiedenster Entwicklungsbereiche sorgen sollte um eine Kooperation von Software-Entwicklern, Designern und Usability-Professionals sicher zu stellen (vgl. Sarodnick/ Brau 2011, S.87). Dabei ist dieser Prozess im deutschsprachigen Raum zwar am ehesten in der Arbeitswelt verwurzelt und beschäftigt sich traditionell mit der Beziehung von Mensch und Maschine und der Bedienung und Gestaltung des Arbeitsplatzes (vgl. Eller 2009, S.59), kann aber in seiner Untergliederung durchaus auf den Entwicklungsprozess im mobilen Kontext angewendet und erweitert werden. Das Usability-Engineering ist in dieser Arbeit als ein Prozess der permanenten Überprüfung und Kontrolle der Usability-Eigenschaften, während dem vollständigen Planungs-, Entwicklungs- und Kontrollprozess einer Mobile Application, zu verstehen. Sarodnick/ Brau (2011) unterschieden vier Phasen des Usability-Engineering, die aufgrund der übersichtlichen und kompakten Darstellung gut für die Übertragung auf die Mobile Application geeignet sind. Zunächst wird in einer Analysephase der Markt analysiert und die Zielgruppe exakt definiert. In der Konzeptphase sollen die Erkenntnisse der Analyse verwendet werden, um die grundlegenden Entscheidungen für das interaktive System zu verdeutlichen, bevor dann in der Entwicklungsphase die letztendliche Entwicklung vollzogen wird und das Produkt in der Einführungsphase dem Markt zur Verfügung gestellt wird. Es handelt sich um ein iteratives Vorgehen, was bedeutet, dass zwischen den Phasen eine enge Rückkopplung vorausgesetzt wird, die für eine prozessbegleitende Evaluation in allen Bereichen und Phasen nötig ist (vgl. Sarodnick/ Brau 2011, S.91ff).

Abbildung 7: Überblick des Implementierungsprozesses im Unternehmenskontext

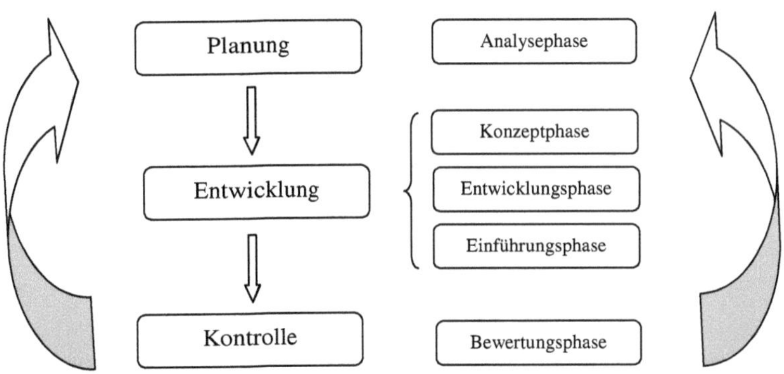

Quelle: Eigene Darstellung.

Zusätzlich wird für Mobile Applications noch eine Bewertungsphase eingeführt, in der Ergebnisse nach dem Launch der Mobile Application bewertet und analysiert werden um herauszufinden, ob entsprechende Maßnahmen zur Verbesserung der Usability geführt haben. Diese Phasen werden dem Planungs-, Entwicklungs- und Kontrollprozesses untergeordnet und an ansprechender Stelle detailliert erläutert. Eine Übersichtliche Darstellung des Prozesses und der zugehörigen Phasen liefert Abbildung 7. Die Pfeile an den Rändern deuten auf den Beginn eines neuen Projektes und das erneute Durchlaufen des Prozesses hin.

4.1. Besondere Unterschiede im Planungsprozess

Sorgfältige Analyse des angestrebten Marktes sowie die exakte Definition der Zielgruppe und das Ziel der spezifischen Anwendung stellen die Herausforderungen im Anfangsstadium des Planungsprozess dar. Diese Anforderungen werden an die Analysephase gestellt, die den Grundstein des zu entwickelnden interaktiven Produkts legt und durch eine sorgfältige Prüfung für das Vermeiden grundlegender Fehler im späteren Prozessverlauf sorgt. So kann sichergestellt werden, dass das jeweilige Produkt vom Markt nachgefragt wird sowie die richtigen Abnehmer bei Kommunikationsmaßnahmen angesprochen werden.

4.1.1. Analysemethoden

Zunächst ist es wichtig sich bewusst zu machen, wer die angestrebte Zielgruppe sein soll. Die angestrebte Zielgruppe ist dabei möglichst klar und eindeutig zu definieren. Dieser Schritt kann entfallen, wenn eine Mobile Application als zusätzliches Vertriebs- oder Kundenbindungsinstrument dazu eingesetzt werden soll, dass ein schon vorhandener Kunde seine Bedürfnisse auch mit einer Mobile Application befriedigen kann. In diesem Fall ist die Zielgruppe schon festgelegt und der Kunde sieht die Möglichkeit als zusätzlichen Nutzen. Dabei ist eine Usability-konforme Gestaltung aber keineswegs zu vernachlässigen, da die Gefahr besteht, dass statt der gewünschten Stärkung der Kundenbindung die Kunden verärgert werden. Im Fall einer neu geschaffenen Anwendung ist eine explizite Zielgruppenanalyse, in der die zukünftige Zielgruppe klar und eindeutig herausgefiltert und benannt wird, Ausgangslage jeder Mobile Application Entwicklung. Nur so können valide Ergebnisse erreicht und im späteren Prozessverlauf Marktsegmente gezielt angesprochen werden. Eine Methode zur Identifizierung entsprechender Daten der Zielgruppe ist die Auf abenanalyse (en l. „Task-Analysis"). Die Zielstellung dieser Aufgabenanalyse ist es aus dem unbekannten, zukünfti en einen „ l sernen"-Nutzer für die Entwickler zu machen (vgl. Röse 2003, S. 98). Um nach der Definition der Zielgruppe aufbauend Ideen und Konzepte zu entwickeln, sieht Röse (2003) u.a. folgende

Verfahren als mögliche Methoden der Informationsgewinnung an, die auf den mobilen Kontext übertragen werden und im Planungsprozess von Bedeutung sind:

- Informationsanalyse: Ziel der Informationsanalyse ist es, Informationen zu Nutzern, Funktionalitäten, Aufgaben und Kontext herauszufinden, die für spätere Verfahren verwendet werden können.
- Interview: Direkte Befragung der Nutzer zu dem Ziel der Nutzung und den Vor- und Nachteilen entsprechender Anwendungen.
- Fragebogen: kostengünstiges Verfahren da Erhebungen auch Online erfolgen können und die Ergebnisse anonym durch statistische Verfahren ausgewertet werden.
- Fokusgruppen: themenspezifische Gruppendiskussion von Probanden der vorher bestimmten Zielgruppe. Fokusgruppen können dann eingesetzt werden, wenn noch keine konkreten Ideen vorhanden sind. Diese Methode eignet sich somit dazu, um Anhaltspunkte zu finden, was vom Markt gefordert wird. Eine weitere Möglichkeit ist, zu identifizieren, was von einem Produkt gewünscht wird, wenn konkrete Ideen vorhanden sind.

Eine Übersicht entsprechender Vor- und Nachteile findet sich bei Röse (2003, S. 107f). Dabei ist bei der Entscheidung für eine Methode abzuwägen, welche Informationen gesucht werden. Beispielsweise kann bei einer noch nicht festgelegten Idee die Methode der Fokusgruppe erste Ansätze liefern, welche Bedürfnisse und Anforderungen die Zielgruppe wünscht. Eine Befragung oder ein Interview bietet sich an, wenn schon konkrete Ideen vorhanden sind. Mit diesen Methoden kann auch herausgefunden werden, ob eine Mobile Application überhaupt benötigt wird und vom Markt nachgefragt wird. Eine Anwendung kann perfekt steuerbar sein und effektiv und effizient zur Zielerreichung beitragen. Wenn sie aber vom Endnutzer nicht benötigt wird, wird auch kein Erfolg generiert werden können.

Sobald die Zielgruppe definiert ist und erste Ideen differenziert wurden, bedarf es einer Analyse des Marktes, ob eine spezielle Mobile Application schon vorhanden ist oder nicht. Um dieses Ziel zu erreichen muss der Mobile-Application-Markt einer Evaluation unterzogen werden. Dies ist durch einfache Sekundärforschung, wie das Durchsuchen der App-Stores sowie Recherchen im Internet sicherzustellen. Dabei ist in einem ersten Schritt festzustellen, ob es Konkurrenzprodukte gibt. Ist dies der Fall sind die vorhandenen Produkte zu testen. Wichtig dabei ist herauszufinden, welche Faktoren dem Nutzer von Bedeutung sind und was die Anwendung zu einem Erfolg oder Misserfolg macht. Eine zielgerichtete Stärken- und Schwächenanalyse, deren Ergebnis die spezifischen Stärken und Schwächen der Anwendung darstellen, kann dazu beitragen, dass der Fokus bei dem neu zu entwickelnden Produkt auf das Stärken der Stärken und das Schwächen der Schwächen gelegt wird. Dabei sind Verfahren bei Bedarf zu wiederholen und während dem gesamten Prozess einer Evaluation zu unterziehen. Im Laufe der Entwicklung können neue Probleme und Änderungen auftreten, die es zu bewältigen gilt (vgl. Sarodnick/ Brau 2011, S.96). Dabei ist zu beachten, dass der Planungsprozess keiner starren Planung zugrunde liegt. Ein Prozessschritt kann auch im späteren Verlauf erneut wiederholt werden und die Phasen in anderer Reihenfolge bearbeitet werden. Wichtig ist es entsprechende Methoden und Vorhaben permanent zu evaluieren, um direkt eine Rückmeldung vom angestrebten Nutzer zu erhalten damit Verbesserungen generiert werden können, die die Mobile Application zu einem Erfolg werden lassen.

4.1.2. Zielgruppenspezifische Besonderheiten

Bei der Analyse der zu erstellenden Mobile Application ist, abhängig vom Ziel, auf eine unterschiedliche Wertigkeit der Usability-Bestandteile zu achten. In Anlehnung an Kapitel 3.3.1 kann eine Mobile Application in fünf grundlegende Kategorien unterteilt werden. Diese werden im Folgenden auf Ihre Bestandteile reduziert und gemäß Kapitel 2.2 erläutert. Dabei wird zwar erwähnt welche Attribute jeweils am wichtigsten sind, dies bedeutet aber nicht, dass weitere Bestandteile unwichtig sind. Alle Bestandteile der Usability müssen beachtet werden. Jedoch besitzt jede spezifische Mobile Application andere Schwerpunkte.

- Applications for general Information: Eine solche Anwendung hat zum Ziel, dem Nutzer Informationen zur Verfügung zu stellen. Dabei ist eine entsprechende Gestaltung in Form des Joy-of-Use von geringerer Bedeutung. Nutzer benötigen einen einfachen und unkomplizierten Zugriff auf die geforderten Informationen. Eine entsprechende grafische Aufbereitung und eine freudvolle Umsetzung ist dabei zwar vom Vorteil, aber nicht der entscheidende Faktor. Der Fokus ist auf das Vorhandensein aller nötigen Informationen (Utility) und den Ease-of-Use zu legen.
- Applications using personal data to login: Bei diesen Anwendungen ist ein hoher Sicherheitsstandard Grundvoraussetzung. Es ist ein Fokus auf die Bestandteile der Utility zulegen. Nutzer verwenden eine solche Mobile Application nur, wenn gesichert ist, dass ein Missbrauch der Daten nicht möglich ist. Die Inhalte und Funktionen sind entsprechend zu gestalten. Eine effiziente und effektive Zielerreichung sowie ein guter Joy-of-Use sollten zwar beachtet werden, aber nicht den Hauptfokus darstellen.
- Network communication applications: Mobile Applications, die dieser Kategorie zuzuordnen sind, sind vorwiegend auf Funktionserfüllung zu fokussieren. Das bedeutet,

dass eine Joy-of-Use-Gestaltung weniger Beachtung erfordert als die perfekte Ausübung der Funktionen im Sinne des Ease-of-Use und der Utility. Die Utility ist dabei die wichtigere Komponente. Dem Nutzern sozialer Dienste ist vorwiegend wichtig, dass gewünschte Funktionen und Inhalte zur Zielerreichung vorhanden sind. Dabei ist eine permanente Konnektivität von besonderer Bedeutung, da eine Verbindung zu Netzwerken meistens über das Internet hergestellt wird. Die emotionale Gestaltung ist von nachrangiger Bedeutung.

- Economic applications: Bei dieser Form ist es wichtig, die Funktionen gut zu präsentieren und dem Nutzer eine gute Handhabung zu gewährleisten, die dazu beiträgt, dass ein Vorteil gegenüber einer stationären Nutzung am Desktop-PC gesehen wird. Dies kann entweder durch ein ansprechendes und inspirierendes Design oder auch durch sehr effektive Funktionsausübung geschehen. Möglich wäre in Vertriebes-Applications dazu beizutragen, dass ein gewünschtes Produkt durch einen sog. QR-Scanner direkt vom Strichcode abgelesen wird. Darauf wird der gewünschte Artikel zu den günstigsten, am Markt befindlichen, Preisen gefunden und direkt der Weg zum nächsten Geschäft navigiert. Ein weiterer Punkt ist die Sicherheit. Die meisten Economic applications benötigen eine Registrierung und Anmeldung mit spezifischen Kundendaten. Diese Daten sind sensibel und dürfen Dritten und Kriminellen nicht zugänglich gemacht werden, nur eine Sicherstellung gewährleistet Vertrauen der Nutzer. Dies bedeutet, dass die Bestandteile Joy-of-Use und Utility zunächst in den Fokus gestellt werden sollten, bevor die einfache Aufgabenausübung betrachtet wird, die dabei allerdings nicht weniger wichtig ist.
- Games: Spiele dienen dazu, dem Nutzer einen gewissen Spaß zu generieren und in freien Zeiten das Warten zu verkürzen. Dabei ist der Joy-of-Use das entscheidende Attribut. Ein forderndes Spiel, was motiviert und optisch ansprechend gestaltet ist, wird dem Verwender einen Nutzen bringen. Der Spieler sollte unauffällig beim Lernen unterstützt und durch Geschichten motiviert werden sowie die Glaubwürdigkeit der Spielewelt, durch Konsistenz und Aufmerksamkeit im Detail, gesichert werden (vgl. Hassenzahl 2004, S.1). Die Aussage Hassenzahls bezieht sich zwar auf Computerspiele in einer stationären Umgebung, lässt sich allerdings auch auf Mobile Applications übertragen, da die technischen Voraussetzungen gegeben sind, um auch ähnliche Standards im mobilen Kontext integrieren zu können. Eine Gaming-Application sollte infolgedessen den Joy-of-Use Aspekt in den Vordergrund stellen und ansprechend entwickeln.

Eine zusammenfassende Darstellung der einzelnen Attribute bietet Abbildung 8, dabei deutet die Anzahl des „+“-Symboles auf die Bedeutung innerhalb der Mobile Application hin:

Abbildung 8: Wichtigkeit der Usability-Attribute

	Utility	Ease-of-Use	Joy-of-Use
Applications for general Information	++	++	+
Applications using personal data to login	++	+	+
Networking communication application	++	+	+
Economic applications	++	++	++
Games	+	++	++

Quelle: Eigene Darstellung.

Nachdem eine Zielgruppe bzw. potentielle Nutzer identifiziert wurden sowie die gewünschte Mobile Application kategorisiert wurde, ist sich bewusst zu machen, dass die Anforderungen nicht nur wegen der Art der Mobile Application schwanken, sondern auch aufgrund der Nutzergruppen. Beispielsweise haben Nutzer in der Altersklasse über 50 Jahre andere Erwartungen als Personen in der Zielgruppe von 20-30 Jahren. Ebenso setzen männliche Personen den Fokus anders als weibliche Personen. Dies ist im Entwicklungsprozess zu beachten um im späteren Verlauf keine Probleme, bspw. bezüglich der für ältere Menschen schlecht ausführbaren Steuerung, zu erhalten.

4.2. Spezielle Maßnahmen im Entwicklungsprozess

Als erster Abschnitt des Entwicklungsprozesses kann die Konzeptphase angesehen werden. Die Konzeptphase hat zum Ziel, die Ergebnisse der Analysephase anzuwenden und entsprechende erste gedankliche Ideen in einem Konzept des geplanten Systems darzustellen. Dabei ist im Prozessablauf der Konzeptphase die Art des entwickelnden Systems zunächst nicht von Bedeutung. Entsprechende Besonderheiten werden allerdings in der Analysephase erkannt und erhoben (vgl. Sarodnick/ Brau 2011, S.96).

4.2.1. Prozessanforderungen

Der erste Schritt der Entwicklung erfolgt in der Definition der Prozesse und Rahmenbedingungen, die die grundlegenden Ziele der Mobile Application aufzeigen. Dabei geht es darum sich einen ersten Überblick zu verschaffen, wie die angestrebte Anwendung konzipiert und welche Gestaltungs- und Designanforderungen gestellt werden sollen. Die Ideen sind in jedem Prozessschritt einer Überprüfung hinsichtlich einer angemessenen Usability zu unterziehen. Als erster Schritt ist sich bewusst zu machen, welche grundlegenden Funktionen eine Mobile Application enthalten sollte. Dabei ist allgemein darauf zu achten, dass Steuerungselemente effektiv und effizient zu bedienen sind und die Nützlichkeit und Freude bei der Nutzung gegeben ist. Um dieses sicherzustellen, ist sich über die technischen Möglichkeiten der Endgeräte zu informieren, damit ein systemkonformes Konzept entwickelt wird. Bei einer Veröffentlichung auf mehreren Betriebssystemen und unterschiedlichen Devices ist dies unbedingt zu beachten und als optimale Lösung in Form von mehreren Konzepten aufzuzeigen, da unterschiedliche Endgeräte unterschiedlichen Anforderungen ausgesetzt sind. Ergebnis der Konzeptphase ist ein erster Entwurf, der in Form eines Prototyps entworfen wird. Dieser wird permanent weiter entwickelt und zum gewünschten Produkt umgesetzt. Dabei wird ein erster Prototyp immer direkt mit Nutzern getestet und einer Überprüfung unterzogen. Dies ist durch sog. Usability-Tests gewährleistet (Siehe Punkte 4.2.2).

Im Rahmen der Entwicklungsphase ist dabei permanent eine Rückkopplung und Evaluation bei Problemen und Schwierigkeiten zu vollziehen. Schwierigkeiten erster Entwürfe und Prototypen sind unverzüglich zu beheben. Danach sind entsprechende Tests solange zu wiederholen, bis ein Usability-konformes Ergebnis erreicht worden ist. Eine Einbeziehung aller an der Entwicklung beteiligten Bereiche ist nötig, sodass Designer genauso Rückmeldungen bekommen und geben, wie Software-Entwickler oder Usability-Professionals, die am Prozess beteiligt sind. Usability-Tests sollten dabei den gesamten Prozessverlauf über eingesetzt werden. Nur so kann ein optimales Ergebnis erzielt werden auf dem in der Entwicklungsphase aufgebaut wird. Erfüllt der Prototyp die festgelegten Usability-Kriterien findet die letztendliche Systementwicklung statt, wenn nicht ist ein Rückschritt in die vorhergegangenen Phasen nötig. Dadurch können feine Unterschiede herausgefunden und verbessert werden. Schwierigkeiten können zwar erst in der Entwicklung erkannt werden, aber durchaus auf vorherige Schritte bezogen sein. So können entweder in der Analysephase falsche Informationen evaluiert oder in der Konzeptphase keine exakte Umsetzungen vollzogen worden sein. Dabei ist auch zu klären, ob die festgestellten Schwierigkeiten sich auf alle Testergebnisse beziehen oder nur auf individuelle Nutzungsschwächen einzelner Probanden beruhen. Falls individuelle Fehler aufgetreten sind, sind diese zwar auszubessern, sollten aber eine nicht so große Bedeutung erfahren, wie allgemein bei allen Testpersonen festgestellte Probleme.

Während in der Konzeptphase der Fokus zunächst auf die Funktionalitäten des Systems gelegt wurde, wird in der Entwicklungsphase auch der Joy-of-Use und seine Gestaltungs- und

Designanforderungen an Bedeutung gewinnen (vgl. Sarodnick/ Brau 2011, S. 98f). Ziel ist es, sich nicht ausschließlich auf die technischen Eigenschaften der Funktionalitäten zu fokussieren sondern die emotionalen und subjektiven Einflussfaktoren zu berücksichtigen. Während dem gesamten Entwicklungsprozess sind Evaluierungen durch Usability-Tests durchzuführen. Neben dem Fokus des mobilen Kontextes ist auch das Testen unter Betriebssystemeigenschaften zu beachten. Im optimalen Fall sind mehrere Prototypen zu entwickeln.

Abschluss des Entwicklungsprozesses bildet die Einführungsphase der Mobile Application. Dabei geht es darum die entwickelte Anwendung dem Markt zur Verfügung zu stellen. Wichtig ist dabei, das Produkt durch entsprechende Marketinginstrumente publik und interessant zu machen. In diesem Kontext ist die Wichtigkeit der genauen Zielgruppenspezifizierung von Bedeutung, da dadurch eine zielgenaue Kontaktansprache über geeignete Maßnahmen stattfinden kann, um die potentiellen Kunden bzw. Nutzer zu akquirieren, was wiederum die enge Verzahnung der einzelnen Phasen verdeutlicht.

4.2.2. Methoden im Entwicklungsprozess

Eine der wichtigsten Methoden um die Usability im Entwicklungsprozess zu beurteilen stellt der Usability-Test dar. Bei einem Usability-Test handelt es sich um eine Evaluationsmethode mit Probanden der entsprechenden Zielgruppe, deren Ziel es ist zu messen, wie gut ein spezifisches System benutzt werden kann (vgl. Zhang 2005, S.2). Um mögliche Probleme nach der Veröffentlichung zu vermeiden, eignet sich diese Methode sehr gut in der Konzept- und Entwicklungsphase. Die Teilnehmer müssen dabei vorher festgelegte Aufgaben möglichst schnell und genau bewältigen. Dabei ist nicht die Anzahl der Testpersonen wichtig. Nielsen (1993) fand heraus, dass 5-6 Teilnehmer schon genügend sind, um 80% der Benutzbarkeitsprobleme aufzudecken, allerdings ist bei dieser geringen Anzahl die Standardabweichung auch entsprechend höher. Eine ausführliche Analyse, wie viel Prozent der Fehler mit welcher Anzahl von Probanden gefunden wird, ist bei Faulner (2003) zu finden. Die Schwierigkeit im mobilen Kontext ist dabei, dass eine Mobile Application im entsprechenden Umfeld getestet werden sollte, da die mobile Umgebung die größte Herausforderung darstellt, die bei klassischen Web-Usability-Tests keine Beachtung benötigt. Traditionelle Usability-Verfahren aus dem Desktop-PC Bereich können aufgrund dessen nicht direkt übertragen werden (vgl. Zhang 2005, S.1). Zhang (2005) unterscheidet im mobilen Kontext zwischen Feld- und Labortest. Beim Labortest werden die Mobile Applications in einem geschlossenen Raum getestet und die Ergebnisse vom Tester beobachtet. Dabei sind die Ergebnisse, bezogen auf die Steuerbarkeit, eindeutig zu erkennen, allerdings wird der mobile Kontext unbeachtet gelassen.

Beim Feldtest werden die Systeme direkt in einem mobilen Umfeld getestet, was eine genauerer und intensiverer Vorbereitung und Beobachtung erfordert, aber zu validen Ergebnissen, die spezifische Besonderheiten einschließen, führt (vgl. ebenda, S.10f). Ein Labortest ist durchzuführen, um die konkreten Defizite in der Steuerung herauszufinden. Allerdings würde dies keinen Aufschluss über die direkte mobile Umgebung geben. Dadurch eignet sich ein Labortest nur bedingt. Probleme in spezifischen Mobile Applications, wie das Navigieren zu einem gewünschten Ziel, können nur in einem Feldtest und entsprechender Umgebung ausgiebig simuliert und getestet werden. Der Fokus ist deshalb auf den Feldtest zu legen. Als Erhebungsmethoden während der Testphase eignen sich Videoaufzeichnungen der Testpersonen, die das Verhalten detailliert dokumentieren und entsprechend genauer analysiert werden können. Nielsen (1993) sieht allerdings den Aufwand für Videoauswertungen im Kontext von Web-Seiten als zu hoch an. Die Zeit sollte eher in weitere aufbauende Tests investiert werden. Für das Testen mobiler Usability ist diese Möglichkeit allerding ein angemessenes Instrument, da neben den Handlungen der Testperson auch die Umgebung der Aktionsausführungen aufgezeichnet wird, was einen genaueren Aufschluss über die Probleme, die speziell wegen des mobilen Kontexts auftreten, ermöglicht. Eine Auswertungsform des Usability-Tests ist das Videofeedback (vgl. Sarodnick/ Brau 2011, S.170). Bei dem Videofeedback handelt es sich um ein Verfahren, bei dem nach dem abgeschlossenen Test bestimmte Szenen dem Probanden vorgespielt werden, sodass dieser genau sein Handeln erklären und erläutern kann. Außerdem hat der Testleiter die Möglichkeit bei Fragen direkt einzugreifen, um genauere Ergebnisse zu erzielen. Nachteil dieser Methode ist allerdings, dass Usability-Tests nur objektive Daten zu den tatsächlichen Handlungen des Nutzers liefern. Was vor oder zwischen einzelnen Handlungen passiert, kann nur indirekt durch Deutung von Mimik oder Gesten vermutet werden (vgl. Sarodnick/ Brau 2011, S.174). Eine Ergänzung des klassischen Usability-Tests stellt die Methode des Eye-Tracking dar. Beim Eye-Tracking handelt es sich um Blickbewegungsmessungen, die die Betrachtungswege im Verlauf der Aufgabenbewältigung erfassen und speichern. Eine Aufzeichnung kann durch Helmkameras oder spezielle Brillen, die die Probanden während der Aufgabenbewältigung tragen, erfolgen. Dadurch ist eine genauere Analyse zu realisieren, da auch Blickwinkelmessungen aufgezeichnet werden, wenn keine direkten Handlungsschritte an der Mobile Application erkennbar sind. Eine direkte Nutzereinbeziehung bei der Usability-Evaluation ist von Vorteil. Das Methodenspektrum erstreckt sich allerdings auch über Verfahren ohne direkte Nutzerinteraktionen. Exemplarisch wird im Folgenden die Methode der Experten-Evaluation erläutert. Bei der Experten-Evaluation werden vor der Überprüfung Gestaltungsrichtlinien, wie ein System aufgebaut sein soll, festgelegt, die bezüglich ihrer

Umsetzbarkeit hin überprüft werden. Die Experten-Evaluation ist als Verfahren konzipiert, welches von Usability-Experten durchgeführt wird. Dabei explorieren die Evaluatoren das System und versuchen Verstöße gegen die Forderungen in den Gestaltungsrichtlinien aufzudecken. Die Experten sind dabei bemüht die Sicht der potentiellen Nutzer der Zielgruppe einzunehmen (vgl. Sarodnick/ Brau 2011, S.144). Entsprechend identifizierte Probleme sind umgehend zu korrigieren. Aufgrund meist geringer Kosten dieser Methode, kann im mobilen Kontext dieses Verfahren durchaus Anwendung finden. Eine Einbeziehung der Nutzer ist nach Möglichkeit aber zu präferieren, da die Gefahr besteht, dass Experten „einfache" Fehler nicht mehr realisieren.

4.3. Kontrollinstrumente und –mechanismen

Mit der Veröffentlichung einer Mobile Application im entsprechenden App-Store ist der Prozess der Usability-Gestaltung nicht abgeschlossen. Nachdem eine Mobile Application dem Nutzer zur Verfügung gestellt wurde, sind entsprechende Kontrollinstrumente einzuführen um herauszufinden, ob die vollzogenen Maßnahmen die Usability verbessert haben und die Nutzer eine Mobile Application als gebrauchstauglich empfinden oder weitere Verbesserungsschritte nötig sind. Der Nutzer ist dabei direkt mit einzuschließen. Eine Feedbackfunktion, die dem Nutzer die Möglichkeit gibt Kritik oder auch Lob direkt an den Herausgeber zu adressieren, stellt eine wertvolle Option, vom Endnutzer eine direkten Rückmeldung zu erhalten, dar. Diese Funktion sowie Kontaktdaten an die sich bei Problemen gerichtet werden kann, sollte unabhängig von der Art der Mobile Application immer enthalten sein. Die Bewertungsphase stellt die Grundlage einer Evaluation der Usability als Kontrollmechanismus dar. Zunächst ist zu erwähnen, dass Methoden die zu den vorherigen Phasen zugeordnet wurden, in diesem Abschnitt ebenfalls von Bedeutung sind. Usability-Tests können und sollten auch im Kontrollprozess eingesetzt werden, um entsprechende Ergebnisse zu erhalten. Das eigentliche Ziel des Usability-Tests ist es allerdings, so viele Usability-Probleme wie möglich vor der Veröffentlichung der Mobile Application zu finden, um diese direkt zu beheben (vgl. Lee & Grice 2004, S.116). Der Fokus dieser Tests sollte deshalb im gesamten vorherigen Prozessablauf integriert worden sein und wird aus diesem Grund an dieser Stelle nicht näher erläutert.

4.3.1. Messbare Erfolgsfaktoren von Mobile Applications

Im Rahmen der Bewertungen der Usability nach dem Launch der Mobile Application sind vor allem Fragebögen als mögliches Instrument anzusehen um festzustellen, ob die Maßnahmen zu einer verbesserten Usability geführt haben. Dadurch kann relativ kostengünstig festgestellt werden, ob eine gewünschte Benutzerfreundlichkeit durch den Implementierungsprozess sichergestellt werden konnte. Dabei ist eine Unterscheidung zwischen monetären Kennzahlen und den subjektiven Wahrnehmungen der Nutzer zu vollziehen. Monetäre Kennzahlen sind objektiv messbar. Dabei müssen immer auch die Hintergründe beachtet werden, um diese Zahlen für eine Bewertung zu analysieren. Im Folgenden sollen zwei bedeutende monetäre Kennzahlen beschrieben und deren Bedeutung für eine Usability-Evaluation einer erfolgreichen Mobile Application erörtert werden.

- Downloadzahlen: Die Downloadzahlen einer Mobile Application zeigen dem Anbieter, wie viele Anwendungen in einem bestimmten Zeitabschnitt aus dem App-Store heruntergeladen wurden. Dadurch kann zwar direkt nicht geschlussfolgert werden, dass eine Mobile Application gute oder schlechte Usabilityeigenschaften besitzt. Aufschlüsse können dennoch gezogen werden. Falls die Downloadraten höher sind als Konkurrenzanwendungen, kann dies darauf deuten, dass die Nutzer mit dieser Mobile Application zufriedener sind, was indirekt eine bessere Usability voraussetzt. Dabei sind die Hintergründe bei der Interpretation zu beachten. Kostenlose Anwendungen werden häufiger runtergeladen als kostenpflichtige. Dies bedeutet, dass ein Konkurrenzprodukt, welches weniger Downloads als ein entsprechendes, kostenpflichtiges besitzt nicht unbedingt schlechter ist, wenn ein Unternehmen eine kostenlose Alternative bietet. Die Downloadzahlen geben dabei keine Auskunft über tatsächliche Nutzungsaktivitäten und Zufriedenheiten sollen aber dennoch angesprochen werden, um entsprechende Angaben entsprechend würdigen zu können.
- Rankings: Rankings werden von entsprechenden App-Stores oder speziellen Plattformen angeboten, um den potentiellen Nutzer zu zeigen, welche Mobile Applications aus der subjektiven Nutzersicht gut und zu empfehlen sind. Ziel ist es ein oberen „Platz“ in der entsprechenden Kategorie anzuvisieren. Die subjektive Bewertung einer Mobile Application wird dabei allerdings nicht ausschließlich von der Usability beeinflusst. Das bedeutet, dass immer entsprechende Hintergründe zu beachten sind. Ein direktes Kommentieren einer Mobile Application durch andere Nutzer ist meist öffentlich lesbar. Durch genaues Evaluieren entsprechender Meldungen ist es möglich, Probleme oder Fehler, die nicht direkt weitergeleitet wurden, zu entdecken und auszubessern. Diese Funktion stellt eine gute Möglichkeit dar, direktes Feedback zu bekommen, ohne mit dem Nutzer in direkten Dialog zu treten.

Es handelt sich bei diesen Kennzahlen um objektive Messkriterien, die aber oft nicht direkt mit der Usability in Verbindung gebracht werden können. Eine Möglichkeit der direkten Messung von Usability-Attributen ist ein von Ma et al. (2013) auf dem Android-Betriebssystem entwickeltes Toolkit zur automatischen Erfassung der vom Nutzer intendierten aktuellen Tätigkeiten mit den jeweiligen Bedienoberflächen. Das entsprechende Toolkit wird in die Mobile Application integriert und zeichnet entsprechende Handlungen auf. Die gesammelten Ergebnisse werden direkt auf einem Server gespeichert, um zur Usability-Auswertung zur Verfügung gestellt zu werden. Das Ergebnis eines Tests zeigt, dass durch diese Methode deutlich mehr Probleme entdeckt wurden als bei traditionellen Usability-Tests. Diese Option stellt somit eine gute Möglichkeit dar, direkte Nutzerhandhabungen zu dokumentieren und entsprechend bezüglich der Usability zu analysieren und zu bewerten. Beachtet werden müssen dabei Datenschutzrichtlinien. Um keine Gesetzeskonflikte zu erhalten, sollten Nutzer eine Aufzeichnung der Daten akzeptieren und bestätigen, dies kann aber zu einer negativen Haltung gegenüber der gesamten Mobile Application führen, da Nutzer sich permanent kontrolliert fühlen würden. Da Usability eng verknüpft ist mit der subjektiven Zufriedenheit der Nutzer sollte der Fokus einer Kontrollfunktion ebenso auf subjektive Meinungen gerichtet werden. Im nächsten Kapitel stehen diese Bewertungsmethoden im Fokus.

4.3.2. Subjektive Usability-Bewertung

Die wohl häufigste Methode einer subjektiven Bewertung ist die Befragung und Auswertung von Fragebögen. Die Evaluation der Usability durch Fragebögen ist eine einfache und relativ kostengünstige Variante, um entsprechende Usability-Kriterien auf deren Einhaltung zu kontrollieren und quantitative Ergebnisse zu erhalten. Ein Fragebogen setzt sich dabei aus einem Satz von Fragen oder Aussagen (Items) zusammen, der in Unterthemen (Subskalen) aufgeteilt wird (vgl. Sarodnick/ Brau, 2011, S.181). Dabei geht es nicht darum neue Usability-Probleme zu erkennen, da diese schon in vorherigen Prozessschritten erkannt worden sein sollten und aufgrund der meist geschlossenen Fragen technisch nicht qualitativ erhoben werden können, was eine gewisse Problembekanntheit voraussetzen würde. Das Ziel in der Kontrollphase ist es herauszufinden, ob ein Nutzer zufrieden mit der Handhabung und Benutzerfreundlichkeit ist und eine Mobile Application Usability-konform gestaltet wurde. Neben der Möglichkeit einer individuellen Konzeption eines spezifischen Fragenkatalogs zur Bewertung, was relativ aufwendig und kostenintensiv ist, gibt es einige standardisierte Fragebögen-Versionen zur Usability-Evaluation. Sarodnick/ Brau (2011, S.187ff) unterscheiden sechs geeignete Messinstrumente:

- ISONORM 9241/110-S: Bei diesem Fragebogen werden die sieben Gestaltungsanforderungen der DIN EN ISO 9241-110 (2010) als Subskala mit insgesamt

21 Items überprüft (Zur Erläuterung der sieben Gestaltungsanforderungen siehe Kapitel 3.3.2.). Die Bewertung wird von Nutzern auf einer siebenstufigen Skala von *„sehr negativ"* bis *„sehr positiv"* vorgenommen. Aufgrund der Normierung ist eine Vergleichbarkeit mit anderen Systemen möglich.

- IsoMetrics: Dieses Verfahren kann untergliedert werden in IsoMetrics^{L} und IsoMetric^{S}. Der Buchstabe „S" steht dabei für Short und „L" für Lon . Bei beiden Varianten wird jedes Item auf einer fünfstufigen Skala von *„stimmt nicht"* bis *„stimmt sehr"* (short) und „unwichti " bis „wichti " (lon) sowie der An abe: „keine Meinun " ab efra t. Bei der L-Variante ist so auch ein Gewichtungsindex zu erstellen. Die Items werden ebenfalls aus der DIN EN ISO 9241-110 gebildet, besitzen aber mit 90 Items eine deutliche höhere Aussagekraft.
- Questionnaire for User Interface Satisfaction (QUIS): Der QUIS widmet sich ausschließlich der subjektiven Zufriedenheit der Nutzer mit einem System. In der aktuellen Version wird zunächst die generelle Benutzerzufriedenheit auf sechs Skalen, dann vier Bewertungsbereiche für getrennte Komponenten von Systemen allgemein (z.B.: Layoutfunktion, Systemfeedback) und abschließend optionale Bewertungsbereiche für getrennte Komponenten des Systems (z.B. Handbücher) abgefragt.
- SUMI (Software Usability Measurement Inventory): Bei diesem Fragebogen geht es um die Qualität mit der Arbeit der Software. Die Nutzer können bei 50 Fragen in 5 Skalen entscheiden, ob sie einer Aussage zustimmen, unentschlossen sind oder nicht zustimmen.
- AttrakDiff: Der AttrakDiff ist die Auswertungsform des von Hassenzahl et al. (2002) entwickelten Zwei-Komponenten Modell, was den Joy-of-Use in den Vordergrund stellt. Der von Hassenzahl et al. (2003) entwickelte Fragebogen besteht aus 28 bipolaren Items, die auf einer siebenstufigen Skala vier Konstrukte messen.
- User Experience Questionnaire (UEQ): 26 bipolare Items (z.B. kompliziert vs. einfach) fragen in einer siebenstufigen Skala den Gesamteindruck eines Nutzers ab. Da das Ziel ist möglichst spontane Antworten zu erhalten, empfehlen Laugwitz, Held & Schrepp (2008) eine Integration in mehrere Studien um auch reflektierende Urteile zu erhalten.

Bei dem Design der Evaluationsstudie ist es nötig exakt auf die allgemeine Hauptgütekriterien der „Objektivit t", „Reliabilit t" und „Validit t" zu achten, um auch repräsentative Ergebnisse zu erhalten. Im Bereich der quantitativen Forschung ist dabei eine relativ große Anzahl an Fragebögen, in Abhängigkeit von der Grundgesamtheit, zu erheben. Ebenso muss auf das exakte Befragen der Zielgruppe, um auch Ergebnisse für die Personen zu erhalten, die angesprochen werden sollen, geachtet werden. Im Rahmen von Mobile Applications ist es dabei die beste

Möglichkeit eine Erhebung online zu vollziehen, da davon ausgegangen werden kann, dass Nutzer von Mobile Applications auch im Internet aktiv und erreichbar sind. Im Idealfall ist das Ergebnis der Kontrollphase, dass die Usability-Anforderungen eingehalten, beachtet und gut umgesetzt wurden. Dies bedarf aber nicht nur einer einzelnen Überprüfung, sondern sollte permanent in regelmäßigen Abständen kontrolliert werden. Nur so können später auftretende Probleme entdeckt und durch neue Versionen verbessert werden. Aufgrund der Standardisierung der Fragebögen ist ein Benchmarking möglich. Eigene Daten können mit anderen Produkten verglichen werden um Stärken und Schwächen genauer festzustellen.

Abschließend ist anzumerken, dass es sich bei Usability-Engineering um einen kostenintensiven Implementierungsprozess handelt. Zwar spart dieser Prozess im Nachhinein Kosten, weil während dem Entwicklungsprozess eine Fehlerbehebung leichter und günstiger vollzogen werden kann (vgl. Kalbach 2003, S.9). Kempken/ Heinsen (2003, S.265) sehen mobile Anwendungen wie ein Vergrößerungsglas für Usability-Probleme. Ein auf der Web-Seite ärgerlicher Fehler kann sich in einer Mobile Application als unüberwindbare Barriere erweisen, wodurch ein Usability-Test beeindruckend viel Optimierungspotential herausstellen wird. Allerdings muss beachtet werden, dass es sich bei Mobile Applications um kleine, für den Endnutzer kostenarme Programme handelt, welche sich zum großen Teil durch Werbung refinanzieren. Das Budget einer Entwicklung ist demzufolge meistens gering. Ein entsprechendes Testen sowie die standardisierte Einführung beschriebener Testverfahren und -methoden ist in vielen Fällen nicht bezahlbar bzw. im geringen Maße zu vollziehen. Die beschriebenen Methoden und Verfahren liefern Anhaltspunkte, müssen aber immer auch im Verhältnis zum Nutzen gesehen werden. Bei Entwicklung einer kostenlosen Mobile Application werden die Entwickler aufgrund der Budgetknappheit einige Fehler in Kauf nehmen, was den Nutzer auch nicht abschrecken wird, da er rational davon ausgehen wird, dass für einen geringen Preis keine optimale Leistung erbracht werden kann.

5. Fazit

Mit der Einführung des Apple Iphone begann 2007 der Siegeszug der Smartphones. Für eine nutzeroptimierte Anpassung der Smartphone-Funktionen werden Mobile Applications nach den individuellen Bedürfnissen installiert und genutzt. Mit hohem Absatz der Endgeräte entwickelte sich der Markt für Mobile Applications ebenfalls zu einem umsatzstarken Markt, der in Zukunft von Wichtigkeit bleiben wird. Unternehmen müssen sich dieser Chance bewusst sein und auf den Markt sich profilieren, um zusätzliche Absatz- und Kommunikationskanäle zu generieren und den Ansprüchen der mobilen Generation gerecht zu werden. Das große Wachstum sorgt dafür, dass Nutzer die Möglichkeit haben unter verschiedenen Anbietern das beste Angebot zu wählen. Dies stellt Nutzer vor die Wahl nach der besten Alternative. Ein Kriterium zur Entscheidungshilfe stellt die Usability einer Mobile Application dar. Dieses relativ junge Forschungsgebiet ist in dieser Arbeit näher erläutert worden. Ziel der Arbeit war es die Bestandteile und Anforderungen an die Usability von Mobile Applications herauszustellen und Empfehlungen für einen Implementierungsprozess innerhalb der Unternehmung zu geben. Durch gute Usability ist es das Ziel Zufriedenheit bei den Nutzern zu generieren. Dazu wurden zunächst grundsätzliche Usability-Konzepte vorgestellt, auf den mobilen Kontext angewandt und übertragen. Die Gestaltungsanforderungen sind anhand von technischer und situationsabhängiger Determinanten des Mobile Devices zu differenzieren. Dazu ist es nötig, die technischen Limitationen, wie beispielsweise die geringere Prozessorgeschwindigkeit oder die Bildschirmgröße sowie die situationsabhängigen Anforderungen, wie die mobile Umgebung und deren Umwelteinflüsse, zu beachten und in einem Konzept zur Usability-Gestaltung einzubauen. Nachdem grundlegende Anforderungen, die aus den Endgeräten über die eine Mobile Applications genutzt wird resultieren, erläutert wurden sind aufbauend die Anforderungen an die Gestaltung einer Mobile Application herausgestellt worden. Diese sind in Abhängigkeit von dem Ziel und der Klassifizierung der spezifischen Mobile Application zu bewerten. Als Ergebnis der Bestandteilanalyse dieser Arbeit wurde die Usability in die Attribute: Utility, Ease-of-Use und Joy-of-Use aufgegliedert. Das Attribut der Utility besteht aus dem Vorhandensein aller nötigen Funktionen und Inhalte. Es ist somit wichtig im Kontext von Mobile Applications dem Nutzer das zur Verfügung zu stellen, was er subjektiv von einer entsprechenden Anwendung erwartet. Dazu bedarf es einer Differenzierung nach der Art und dem Ziel einer Mobile Application. Ivan/ Zamfirou (2011) unterscheiden fünf Kategorien. Diese sind jeweils anderen Herausforderungen ausgesetzt und müssen immer im Verhältnis zum Nutzungskontext angesehen werden. Um die Nützlichkeit einer Mobile Application zu gewähren, ist auf die Aktualität von Informationen und Daten sowie Sicherung der personenbezogenen Angaben zu legen. Geforderte Informationen sind schnell und unkompliziert zur Verfügung zu stellen und der Inhalt ist entsprechend der Notwendigkeit mit den benötigten Funktionen auszustatten. Der Ease-of-Use wurde in die Bestandteile Effektivität und Effizienz aufgeteilt. Dabei bezeichnet die Effektivität die Genauigkeit und Vollständigkeit mit der ein bestimmtes Ziel erreicht werden kann. Die Effizienz hingegen, stellt den notwendigen Aufwand mit der Genauigkeit der Zielerreichung in Relation (vgl. Sarodnick/ Brau 2011, S.37). Um dies zu gewährleisten, ist eine optimale Unterstützung des Nutzers bei der Aufgabenbewältigung unerlässlich. Dem Nutzer sind nur die im mobilen Kontext benötigten Informationen zur Verfügung zu stellen und entsprechend zu optimieren. Dabei ist die Nutzung von Profileigenschaften von Vorteil. Unterstützende Fähigkeiten, wie die im Gerät installierten Features und Steuerungselemente, sind entsprechend zu verwenden, um eine komfortable Nutzung zu gewährleisten. Eine regelmäßige Datenspeicherung unterstützt den Nutzer bei unerwarteten Situationen, die aufgrund von Hektik und wechselnder Umgebung eintreten und so die individuelle Sicherung behindern. Dies kann die Zufriedenheit positiv beeinflussen. Dabei ist zu beachten, dass dem Nutzer ein Freiraum zu lassen ist, wie und ob Funktionen genutzt werden oder nicht. Systemfehler sind grundsätzlich zu vermeiden bzw. möglichst leicht vom Verwender eigenständig zu beheben. Die Visualisierung des Systemstatus ist wichtig, um dem mobilen Nutzer zu verdeutlichen, dass ein System die gewünschte Eingabe verarbeitet. Der Joy-of-Use besteht aus der Freude an der Nutzung und dem Design, welcher durch seine emotionale Bindung für Zufriedenheit sorgt. Im Kontext von Mobile Applications ist der Fokus auf das Stimulieren zur Wiederholung der Nutzung zu legen. Eine Mobile Application wird vorwiegend über kurze Zeiträume genutzt. Der Fokus ist dementsprechend auf eine kurze aber regelmäßige Nutzungszufriedenheit zu legen. Dabei sind emotionale und ästhetische Elemente, die Nutzer grafisch ansprechen, von besonderer Bedeutung. Das Aufgabenspektrum einer Mobile Application ist aufgrund technischer Limitationen zu gering, um fordernde und intensive Programme zu entwickeln, die über lange Zeiträu e einen Nutzer „fesseln“. Es ist zwar zu versuchen den Fokus auf die Freude an der Nutzung zu lenken. Da dies aufgrund der technischen Kompaktheit und begrenzten Kontextmöglichkeiten nur eingeschränkt erfüllbar ist, ist bei einer Mobile Application besonders auf eine optische und visuelle Ausgereiftheit zu achten. Entsprechendes Kontrastniveau und anpassende Bildschirmhelligkeiten bei wechselnden Umgebungen sind zu fokussieren, um den Nutzer bei Umwelteinflüssen optimal zu unterstützen und emotional zu binden. Die drei Aspekte der Usability in dieser Arbeit wurden in der Theorie diskutiert und auf unterschiedlichste Bereiche angewandt. Im Kontext einer Mobile Application sind diese Begrenzungen ausgesetzt, die vor allem durch den Kontext der Mobilität beeinflusst werden. Der Fokus ist allgemein auf die Zufriedenheit mit einer Anwendung zu legen. Dabei erwarten Nutzer von kostengünstigen Anwendungen keine großen Funktionsweisen. Wichtig ist, dass angebotene Funktionen zufriedenstellend aufgearbeitet wurden und entsprechend visualisiert werden. Dies ist auch das Ziel einer Implementierung im Unternehmenskontext. Im vierten Abschnitt wurde ein Prozess vorgestellt, der eine Usability-konforme Gestaltung während dem Planungs-, Entwicklungs- und Kontrollprozess sicherstellt, um Fehler zu vermeiden und ein angemessenes Produkt auf dem Markt platzieren zu können. Dazu wurde der Prozess des Usability-Engineerings auf den Kontext einer Mobile Application übertragen und er nzt. Unterteilt wurde in „Analysephase“, „ onzeptphase“, „Entwicklun sphase“, „Einführun sphase“ und „Bewertun sphase“. Die Abfolge der Prozesse ist nicht statisch, da auftretende Probleme zu Rückschritten und Überarbeitungen einzelner Phasen führen können. Zunächst ist das Ziel zu analysieren, welche Personengruppen was für Produkte benötigen und nutzen würden. Dies ist von einem ersten Konzept zu einem Prototyp zu entwickeln, der nach intensivem Testen zu dem Produkt ausgereift wird, um in der Einführungsphase einen Erfolg generieren zu können. Der Prozess der Usability-Überprüfung ist nach dem Launch noch um eine Bewertungsphase, deren Ziel es ist festzustellen, ob Veränderungen zu einer höheren Usability geführt haben, zu ergänzen. Im Zyklus dieses Prozesses ist ein Einsatz entsprechender Methoden der klassischen Usability-Evaluation zu involvieren, um direkt mit dem Nutzer entsprechende Stärken und Schwächen aufzudecken. Das Methodenspektrum ist dabei auf die Eignung für den mobilen Kontext überprüft und entsprechend übertragen worden. Im Sinne von Mobile Applications ist dieser Prozess zunächst nur als Optionen anzusehen. Mobile Applications sind kleine, meist kostenlose bzw. kostengünstige Anwendungen, die bedingt dadurch nur geringe Budgets zur Verfügung haben. Floskeln, wie: „aus iebi e Usability-Tests sollten als unverzichtbares Re elwerk in die Entstehun inte riert werden“, sind somit immer im Spektrum des Entwicklungszusammenhang zu bewerten und im Zusammenhang zu sehen.

Abschließend ist anzumerken, dass die Usability einem Erfolgspotential von Mobile Applications geworden ist. Dabei sind verschiedenste Bereiche eingeschlossen, die dies zu beachten haben. Ein interaktives Produkt, wozu auch eine Mobile Application zu zählen ist, wird ohne angemessene Usability kein Erfolgsprodukt darstellen können. Für das Marketing sind die Erfolgsmerkmale besonders bei dem Binden vorhandener und dem Akquirieren neuer Kunden sowie der Eröffnung neuer Märkte und Möglichkeiten zum Vertrieb von vorhandenen Produkten gegeben. Dabei ist das System einer Mobile Application noch im Anfangsstadium des technisch Möglichen. Es ist davon auszugehen, dass in der Zukunft die technischen Begrenzungen und Limitationen, aufgrund des mobilen Kontextes vollständig wegfallen werden. Umso bedeutender wird die Zufriedenheit der Nutzer, die durch die Usability verbessert werden kann. Der Fokus einer Usability-konformen Entwicklung ist demnach zu beachten. Mit der Arbeit sollte dem Leser vermittelt werden, was als unverzichtbare und entscheide Erfolgspotentiale die Usability einer Mobile Application beeinflusst. Dabei wurden entsprechende Handlungsempfehlungen beschrieben und in dem Zusammenhang eingeordnet. Bei diesen handelt es sich ausschließlich um kausale Zusammenhänge, die empirisch nicht überprüft wurden und somit Raum für weitere Forschung geben. Dennoch gibt die Arbeit Empfehlungen, an denen sich orientiert werden kann.

Literaturverzeichnis

Baharuddin, R./ Singh, D./ Razil, R. (2013): Usability Dimensions for Mobile Applications. A Review. Research Journal of Applied Sciences, Engineering and Technology, 5(6), S. 2225-2231.

Barnum, C. M. (2002): Usability testing and research. New York: Longman.

Bevan, N. (1995): Usability is Quality of Use. Advances in Human Factors/ Ergonomics, 20(1), S. 349-354.

Biel, B./ Grill, T./ Gruhn, V. (2010): Exploring the benefits of the combination of a software architecture analysis and a usability evaluation of mobile applications. The Journal of Systems and Software, 83(11), S. 2031-2044.

BITKOM (2012): Der App-Boom geht weiter. [Online] Abrufbar unter: http://www.bitkom.org/de/themen/65158_73653.aspx [Zugriff am 10 10 2013].

BITKOM (2013): Umsatz mit Apps hat sich 2012 mehr als verdoppelt. [Online] Abrufbar unter: http://www.bitkom.org/de/presse/8477_76094.aspx [Zugriff am 26 07 2013].

Bliem, F./ Fassot, G. (2002): Kundenfokus im Mobile Commerce. Anforderungen der Kunden und Anforderung an die Kunden. In: G. Silberer/ J. Wohlfahrt/ T. Wilhelm (Hrsg.), Mobile Commerce: Grundlagen, Geschäftsmodelle, Erfolgsfaktoren. Wiesbaden: Gabler, S. 3-24.

Brave, S/ Nass, C. (2009): Emotion in Human-Computer-Interaction. In A. Sears/ J.A. Jacko (Hrsg.), Human-Computer Interaction. Fundamentals, London, New York: Taylor & Francis Group, S. 53-69

Boiano, S./ Bowen, J. P./ Gaia, G. (2012): Usability, Design and Content Issues of Mobile Apps for Cultural Heritage Promotion. The Malta Culture Guide Experience, S. 66-73.

Budiu, R. (2009): Overcoming mobile web usability challenges. [Online] Abrufbar unter: http://developer.nokia.com/Design/Overcoming_mobile_web_usability_challenges.xhtml [Zugriff am 10 Oktober 2013].

Burmester, M./ Hassenzahl, M./ Koller, F. (2002): Usability ist nicht alles. Wege zum attraktiven Produkt (Beyond Usability-Appeal of interactive Products). i-com, 1(1), S. 32-40.

Carroll, J. M./ Thomas, J. C. (1988): Fun. ACM SIGCHI Bulletin, 19(3), S. 21-24.

Coursaris, C. K./ Kim, D. J. (2006): A Qualitative Review of Empirical Mobile Usability Studies, Acapulco, Mexiko: Proceedings of the Twelfth Americas Conference on Information Systems.

Dantas, V. L. L./ Marinho, F. G./ da Costa, A. L./ Andrade, R. M. (2009): Testing Requirements for Mobile Applications. 24th International Symposium on Computer and Information Sciences, 14-16 September, S. 555-560.

Dey, A. K./ Abword, G. D./ Salber, D. (2001): A conceptual framework and a toolkit for supporting the rapid prototyping of context-aware applications. International Journal of Computer Interaction, 16(2), S. 97-166.

DIN EN ISO 9241-11 (1999): Ergonomische Anforderungen für Bürotätigkeiten mit Bildschirmgeräten-Teil 11. Anforderungen an die Gebrauchstauglichkeit; Leitsätze. Berlin: Beuth.

DIN EN ISO 9241-110 (2008): Ergonomische Anforderungen der Mensch-System-Interaktionen-Teil 110. Grundsätze der Dialoggestaltung. Berlin: Beuth.

Duda, S./ Schießl, M./ Hess, J. M. (2002): Mobile Usability. Empfehlungen für die Entwicklung benutzerfreundlicher mobiler Datendienste. In: M. Beier & V. Gizycki, (Hrsg). Usability.Nutzerfreundliches Web-Design. Berlin, Heidelberg: Springer-Verlag, S. 173-199.

Eggert, A. (2001): Konzeptionelle Grundlagen des elektronischen Kundenbeziehungsmanagements. In: A. Eggert/ G. Fassott, (Hrsg.) eCRM-Electronic Customer Relationship Management: Management der Kundenbeziehungen im Internet Zeitalter. Stuttgart, S. 213-227.

Eller, B. (2009): Usability Engineering in der Anwendungsentwicklung. Systematische Integration zur Unterstützung einer nutzerorientierten Entwicklungsarbeit, Wiesbaden: Gabler-Verlag.

Faulkner, L. (2003): Beyond the five-user assumption. Benefits of increased sample size in usability testing. Behaviour Research Methods, Instruments & Computers, 35(3), S. 379-383.

Fling, B. (2009): Mobile Design and Development. Sebastopol: O`Reilly.

Glass, B. (1997): Swept away in a sea of evolution. new challanges and opportunities for usability professionals. Software Ergonomie`97, S. 17-26.

Gong, J./ Tarasewich, P. (2004): Guidelines for Handheld Mobile Devices Interface Design. Proceeding of DSI 2004 annual Meeting, S. 3751-3756.

Harrison, R./ Flood, D./ Duce, D. (2013): Usability of mobile applications. Literature review and rationale for an new usability model. Journal of Interaction Science, 1(1), S. 1-16.

Hartmann, M. (2008): Usability Untersuchung eines Internetauftritts nach DIN EN ISO 9241. Am Praxisbeispiel der Firma MAFI Transport-Systeme GmbH. Hamburg: Diplomica.

Hassenzahl, M. (2001): The effect of Perceived Hedonic Quality on Product Appealingness. International Journal of Human-Computer Interaction, 13(4), S. 481-499.

Hassenzahl, M. (2003): Attraktive Software. Was Gestalter von Computerspielen lernen können. In: M. Burmester/ J. Machate (Hrsg.), User Interface Tuning-Benutzerstellen menschlich gestalten. Frankfurt: Software & Support Verlag, S. 27-47.

Hassenzahl, M./ Beu, A./ Burmester, M., (2001): Engineering Joy. IEEE Software, 18(1), S. 70-76.

Hassenzahl, M./ Burmester, M./ Koller, F. (2003): AttrakDiff: Ein Fragebogen zur Messung wahrgenommener hedonischer und pragmatischer Qualität. In: Szwillus, G./ Ziegler, J. (Hrsg.), Mensch & Computer 2003: Interaktion in Bewegung. Stuttgart: B. G. Teubner. S. 187-196.

Hassenzahl, M./ Platz, A./ Burmester, M./ Lehner, K. (2000): Hedonic and ergonomic quality aspects determine a software`s appeal. Proceedings of the SIGCHI conference on human factors in computing systems, S. 201-208.

Hatscher, M. (2001): Joy of Use. Determinanten der Freude bei der Software-Nutzung. Mensch und Computer 2001: 1. Fachübergreifende Konferenz, S. 343-352.

Heinsen, S. (2003): Usability praktisch umsetzen. München, Wien: Carl Hanser Verlag.

Hess, T. (2011): Mobile Commerce (M-Commerce), in Sjurts, I (Hrsg.): Gabler Lexikon Medienwirtschaft, 2. Aufl., Wiesbaden: Springer-Gabler.

Heo, J./ Ham. D., H./ Park, S./ Song, C./ Yoon, W., C. (2009): A framework for evaluating the usability of mobile phones based on multi-level, hierarchical model of usability factors. Interacting with Computers, 21(4), S. 263-275.

Hussain, A./ Kutar, M. (2009): Usability Metric Framework for Mobile Phone Application, Liverpool, UK: Proceeding the 10th Annual Conference on the Convergence of Telecommunications, Networking & Broadcasting.

Hussain, A./ Kutar, M. (2012): Apps vs Devices. Can the Usability of Mobile Apps be Decoupled from the Device?. IJCSI International Journal of Computer Science Issues, 9(3), S. 11-16.

Igbaria, M./ Schiffmann, S. J./ Wieckowski, T. J. (1994): The respective roles of perceived usefulness and perceived fun in the acceptance of microcomputer technology. Behaviour & Information Technology, 13(6), S. 349-361.

insertEFFECT (2011): Liebe auf den ersten Touch. Mobile Design & Usability für Apps. [Online] Abrufbar unter: http://www.mo-bi.de/fileadmin/redaktion_mobi/News/Enterprise_App_Day_N%C3%BCrnberg/Liebe_auf_den_ersten_Touch.pdf [Zugriff am 05. Oktober 2013].

Ivan, I./ Zamfiroiu, A. (2011): Quality Analysis of Mobile Applications. Informatica Economica, 15(3), S. 136-152.

Kaasinen, E. (2005): User acceptance of mobile services-value, ease of use, trust and ease of adoption. Helsinki: Valopaino Oy.

Kalbach, J, (2003): Von Usability überzeugen. In: S. Heinsen / P. Vogt, (Hrsg.) Usability praktisch umsetzen. Handbuch für Software, Mobile Devices und andere interaktive Produkte. München, Wien: Carl Hanser, S. 8-21.

Keck, M. (2010): App-Usability. Herausforderungen und Guidelines. In Forschungsbeiträge der eResult GmbH. [Online] Abrufbar unter: http://www.eresult.de/studien_artikel/forschungsbeitraege/app-usability.html [Zugriff am 30. Juni 2013].

Kempken, A./ Heinsen, S., (2003): Usability für mobile Anwendungen. In: S. Heinsen / P. Vogt, (Hrsg.) Usability praktisch umsetzen. Handbuch für Software, Mobile Devices und andere interaktive Produkte. München, Wien: Carl Hanser, S. 250-265.

Lee, K. B. / Grice, R. A. (2004): Developing a new usability testing method for mobile devices. In Professional Communication Conference, 2004. IPCC 2004. Proceedings. International, S. 115-127

Ma, X./ Yan, B./ Chen, G./ Zhanh, C./ Huang, K. (2013): Design and Implementation of a Toolkit for Usability Testing of Mobile Apps. Mobile Networks and Applications, 18(1), S. 81-97.

Mobile Effects. (2013): TFM Mobile Effects Studie [Online] Abrufbar unter: http://developer.nokia.com/Design/Overcoming_mobile_web_usability_challenges.xhtml [Zugriff am 10. Oktober 2013].

Möller, S. (2010): Quality Engineering. Qualität komunikationstechnischer Systeme. Berlin, Heidelberg: Springer-Verlag.

Nah, F. F.-H./ Siau, K./ Sheng, H. (2005): The Value of Mobile Applications. A Utility Company Study. Communications of the ACM, 48(2), S. 85-90.

Nielsen, J. (1993): Usability Engineering. Amsterdam, Boston, Heidelberg, London: Morgan Kaufmann.

Nielsen, J./ Budiu, R. (2013): Mobile Usability. Berkely: Nielsen Norman Group.

Norman, D. (2002): Emotion & Design. attractiv things works better. interactions, 9(4), S. 36-42.

Oinas-Kukkonen, H./ Kurkela, V. (2003): Developing successful Mobile Applications. Computer Science and technology, 054(394), S. 38-54.

Röse, K. (2003): Task-Analyse. In: S. Heinsen / P. Vogt, (Hrsg.) Usability praktisch umsetzen. Handbuch für Software, Mobile Devices und andere interaktive Produkte. München, Wien: Carl Hanser, S. 98-114.

Rabi'u, S./ Semiru, A./ Hector, O. P (2012): Usability characteristics of mobile applications, Perak, Malaysia: First International Conference on Behavioural and Social Sciende Research (ICBSSR).

Sarodnick, F./ Brau, H. (2011): Methoden der Usability Evaluation: Wissenschaftliche Grundlagen und praktische Anwendungen. Bern: Huber.

Gabler (2013): Gabler Wirtschaftslexikon. Stichwort: Software-Ergonomie. [Online] Abrufbar unter: http://wirtschaftslexikon.gabler.der/Archiv/75685/software-ergonomie-v6.html [Zugriff am 30 August 2013].

Stapelkamp, T. (2007): Screen- und Interfacedesign. Gestaltung und Usability für Hard- und Software. Berlin, Heidelberg: Springer-Verlag.

Väänänen-Vainio-Mattila, K./ Ruuska, S. (2000): Designing Mobile Phones and Communicators for Consumers`Needs at Nokia. In: E. Bergmann (Hrsg). Information Appliances and Beyond-Interaction Design for Consumer Products. San Francisco: Morgan Kaufmann, S. 169-203.

Yom, M. (2002): Utility und Usability im Mobile Commerce. In: G. Silberer/ J. Wohlfahrt / T. Wilhelm (Hrsg.), Mobile Commerce: Grundlagen, Geschäftsmodelle, Erfolgsfaktoren. Wiesbaden: Gabler, S. 173-185.

Zhang, D./ Adipat, B. (2005): Challanges,Methodologies, and Issues in the Usability Testing of Mobile Applications. Journal of Human Compter Interaction, 18(3), S. 293-308.